Berichte aus dem
Institut für Umformtechnik
der Universität Stuttgart
Herausgeber: Prof. Dr.-Ing. K. Lange

91

Vu The Cuong

Beanspruchungsgerechte Auslegung von Fließpreßwerkzeugen mit numerischen Berechnungsmethoden

Mit 80 Abbildungen und 12 Tabellen

Springer-Verlag Berlin Heidelberg GmbH

Dipl.-Ing. Vu The Cuong
Institut für Umformtechnik
Universität Stuttgart

Dr.-Ing. Kurt Lange
o. Professor an der Universität Stuttgart
Institut für Umformtechnik

D 93

ISBN 978-3-540-17472-1   ISBN 978-3-662-06008-7 (eBook)
DOI 10.1007/978-3-662-06008-7

Gesamtherstellung: Copydruck GmbH, Offsetdruckerei, Industriestraße 1-3, 7258 Heimsheim
Telefon 0 70 33/38 25-26
2362/3020-543210

GELEITWORT DES HERAUSGEBERS

Die Umformtechnik zeichnet sich durch sehr gute Werkstoffaus-
wertung und hohe Mengenleistung in der Serienfertigung gegenüber anderen Fertigungsverfahren aus, wobei Beibehaltung der
Masse, Änderung der Festigkeitseigenschaften während eines Vor-
gangs und elastische Rückfederung der Werkstücke nach einem
Vorgang wesentliche Merkmale sind. Weiter sind die benötigten
Kräfte, Arbeiten und Leistungen sehr viel größer als z.B. bei
spanenden Verfahren. Die sichere Beherrschung eines Verfahrens
in der industriellen Fertigung und die zunehmende Forderung
nach Vermeidung bzw. Minimierung spanender Nacharbeit erzwingen
die geschlossene Betrachtung des Systems "Umformende Fertigung"
unter zentraler Berücksichtigung plastizitätstheoretischer,
werkstoffkundlicher und tribologischer Grundlagen.

Das Institut für Umformtechnik der Universität Stuttgart stellt
entsprechend Forschung und Entwicklung zum einen auf die Erar-
beitung von Grundlagenwissen in diesen Bereichen ab, zum anderen
untersucht und entwickelt es Verfahren unter Anwendung speziel-
ler Meßtechniken mit dem Ziel einer genauen quantitativen Ermittlung des Einflusses der Parameter von Vorgang, Werkstoff,
Werkzeug und Maschine. Die Behandlung von Problemen des Maschi-
nenverhaltens, der Maschinenkonstruktion sowie der Werkzeugaus-
legung und -beanspruchung, der Auswahl hochbeanspruchbarer,
verschleißfester Werkzeugbaustoffe und schließlich der Tribo-
logie gehört entsprechend ebenfalls zum Arbeitsgebiet, das
durch die Erfassung organisatorischer und betriebswirtschaft-
licher Fragen abgerundet wird.

Im Rahmen der "Berichte aus dem Institut für Umformtechnik" er-
scheinen in zwangloser Folge jährlich mehrere Bände, in denen
über einzelne Themen ausführlich berichtet wird. Dabei handelt
es sich vornehmlich um Abschlußberichte von Forschungsvorhaben,
Dissertationen, aber gelegentlich auch um andere Texte. Diese
Berichte sollen den in der Praxis stehenden Ingenieuren und
Wissenschaftlern zur Weiterbildung dienen und eine Hilfe bei
der Lösung umformtechnischer Aufgaben sein. Für die Studieren-

den bieten sie die Möglichkeit zur Vertiefung der Kenntnisse.
Die seit zwei Jahrzehnten bewährte freundschaftliche Zusammen-
arbeit mit dem Springer-Verlag sehe ich als beste Voraussetzung
für das Gelingen dieses Vorhabens an.

Kurt Lange

Die vorliegende Arbeit entstand während meiner Tätigkeit als wissenschaftlicher Mitarbeiter am Institut für Umformtechnik der Universität Stuttgart.

Herrn Professor Dr.Ing. K. Lange danke ich herzlich für sein Vertrauen, seine großügige Unterstützung und Anregung zu dieser Arbeit.

Herrn Professor Dr.-Ing. M. Geiger danke ich für sein Interesse an der Arbeit und für die eingehende Durchsicht.

Mein Dank gilt ferner allen Mitarbeiterinnen und Mitarbeiter des Instituts für Umformtechnik der Universität Stuttgart, die zum Gelingen der Arbeit beigetragen haben.

Die Durchführung der Untersuchungen wurde vom Verein Deutscher Werkzeugmaschinenfabriken e.V. und von der Arbeitsgemeinschaft Industrieller Forschungsvereinigungen e.V. gefördert, wofür ich ebenfalls zu Dank verpflichtet bin.

Garching, Oktober 1986

Vu The Cuong

Inhaltsverzeichnis

Axial vorgespannte Matrizen

Stempel mit kreisrunden Nebenformelementen/mit nicht kreisförmigen Schaftquerschnitten

Verzeichnis der wichtigsten Abkürzungen

Finite-Elemente-Methode

$[a]$	—	Zuordnungsmatrix
$[D]$	1/mm	Differentialoperatormatrix
$[E]$	N/mm^2	Elastizitätsmatrix
$[k_e]$	N/mm	Steifigkeitsmatrix eines Elements
$[k]$	N/mm	Steigigkeitsmatrix aller Elemente
$[K]$	N/mm	Gesamtsteifigkeitsmatrix
$\underline{p}$	N	Vektor der Knotenkräfte
$\underline{r}$	mm	Vektor der Knotenpunktverschiebungen der Gesamtstruktur
$\underline{R}$	N	Vektor der äußeren Kraft
$\underline{u}$	mm	Vektor der Elementverschiebungen
$\underline{\varepsilon}$	—	Vektordarstellung des Dehnungstensors ε_{ij}
$[\Phi]$	—	Ansatzfunktionsmatrix
$[\hat{\Phi}]$	—	Transformationsmatrix
$\underline{\rho}_e$	mm	Vektor der Knotenpunktverschiebungen eines Elements
$\underline{\rho}$	mm	Vektor der Knotenpunktverschiebungen aller Elemente
$\underline{\sigma}$	N/mm^2	Vektordarstellung des Spannungstensors σ_{ij}

Boundary-Elemente-Methode

A	—	Kontur vom Bereich B
$[A]$	—	Koeffizientenmatrix
$[A^*]$	—	Koeffizientenmatrix
B	—	Bereich des zu lösenden Problems
F_k	N	Einzellastkomponente
G	N/mm^2	Schubmodul
J	—	Jakobi-Funktion
M	—	Interpolationsfunktion
R	mm	Abstand zwischen Quellpunkt und Aufpunkt
$\underline{R}$	—	Vektor der bekannten Größen
$\underline{t}$	N/mm^2	Randspannungsvektor

t_j	N/mm^2	Randspannungskomponente
T_j	N/mm^2	Randspannungskomponente nach Kelvin-Lösung
$\underline{u}$	mm	Verschiebungsvektor
u_j	mm	Verschiebungskomponente
U_j	mm	Verschiebungskomponente nach Kelvin-Lösung
$\underline{x}$	—	Vektor der unbekannten Verschiebungen und Randspannungen
x_j	mm	Globale, kartesische Koordinaten des Aufpunktes
y_j	mm	Globale, kartesische Koordinaten des Quellpunktes
δ_{ij}	—	Kronecker-Symbol
ε_{ij}	—	Dehnungstensor
φ	mm, N/mm^2	Knotenwerte der Randfunktionen (Verschiebung oder Spannung)
ξ	—	Lokale, dimensionslose Koordinaten eines Randelementes
σ_{ij}	N/mm^2	Spannungstensor
λ = 1 - l		Elementnumerierung
μ = 1 - m		Lokale Knotennumerierung
γ = 1 - g		Globale Knotennumerierung

Allgemeine Zeichen

A	mm	Kantenlänge des Vielecks
A_{Aufl}	mm^2	Auflagefläche
A_{Stirn}	mm^2	Stirnfläche
B	mm	Breite der Auflagefläche; Durchmesser des Kreises, der den Stempelkopf umhüllt
C	N/mm	Steifigkeit
d	mm	Durchmesser des Rohteiles; Zapfen- bzw. Bohrungsdurchmesser
D	mm	Außendurchmesser des Außenrings; Außendurchmesser des Stempels
d_1	mm	Durchmesser der Kalibrierstrecke
d_F	mm	Fugendurchmesser des Matrizenverbandes
e	mm	Außermittigkeit
E	N/mm^2	Elastizitätsmodul
f	mm	Aufbiegung der Druckplatten
F	N	Kraft

F_{AR}	N	Axialkraft im Radiusbereich
F_V'	N	Vorspannkraft bei Betriebsbelastung
h	mm	Höhe; Grenzabstand
h_D	mm	Druckraumhöhe
h_M	mm	Matrizenhöhe
h_Z	mm	Höhe des oberen Teils der Matrize
k	—	Korrekturfaktor; Berechnungsfaktor
k'	—	Berechnungsfaktor
k_f	N/mm^2	Fließspannung
l	mm	axiale Länge der Vorspannungsschrauben bzw. der Platten; Länge des Nebenformelementes
p	N/mm^2	Druck
Q	—	Gesamtdurchmesserverhältnis d/D
Q_1	—	Matrizendurchmesserverhältnis d/d_F
r, R	mm	Radius; Übergangsradius
r_1	mm	Schultereinlaufradius
t	mm	Schultertiefe
X	—	Vorspannungsfaktor für die Größe der Vorspannkraft nach Wegnahme der Druckkraft; Faktor für die Aufnahme des Biegemoments
Y	—	Verminderungsfaktor für die Minderung der Vorspannkraft während der Umformung
α	°	Halber Schulteröffnungswinkel
β	°	Winkel zwischen 2 Teilen der geteilten Matrize; optimaler Kopplungswinkel
ε	—	Skalare Dehnungskomponente; relative Querschnittsänderung
η	—	Skalare Anfangsdehnungskomponente
μ	—	Reibzahl
ν	—	Querkontraktionszahl
φ	—	Umformgrad
σ_{ij}	N/mm^2	Spannungstensor
ξ	‰	Relatives Haftmaß

Indizes

a	Außenring
A	Ausgangs...
ax	axial
b, B	Biege...
D	Druck
i	Innen...
l	Längen...
m	mittlere
max	maximal
n, N	Normal...
o	oben; Anfangs...
opt	optimal, Optimierungs...
r	radial
R	Radius
res	resultierend
S	Stirnfläche
St	Stempel
t	tangential; in Richtung der Konturlinie
u	unten; Umfangs...
U	Umform...
V	Vergleichs...; Vorspann...
z	zylindrisch, axial

Sonstiges

BE, BEM	Boundary-Element, Boundary-Elemente-Methode
FE, FEM	Finite-Element, Finite-Elemente-Methode
GEH, GE-Hyp.	Gestaltänderungsenergie-Hypothese
NH, Normalsp.-Hyp.	Normalspannungshypothese
[ ]	Matrixkennzeichnung
—	Vektorkennzeichnung

1   Einleitung

1.1   Aufgabenstellung

Kaltfließpressen zählt heute zu den wichtigsten Verfahren der Umformtechnik; es findet aufgrund seiner Wirtschaftlichkeit sehr breite Anwendung in der Massenfertigung. Der wirtschaftliche Einsatz des Fließpres-
sens erfordert neben der richtigen Wahl der Verfahren und Maschinen
noch in besonderem Maße die beanspruchungsgerechte Auslegung der Fließpreßwerkzeuge [1].

Im Vergleich mit den konkurrierenden spanenden und umformenden Ferti-
gungsverfahren ergeben sich bei der Kaltmassivumformung die höchsten
Werkzeugkosten, wobei ein hoher Anteil der Werkzeugausschußkosten durch
Bruch verursacht wird [2].

Bei Fließpreßmatrizen mit abgesetzter Bohrung stellen die Risse im
Schultereinlaufbereich noch ein Risiko für die Werkzeughersteller dar.
Verantwortlich für dieses Versagen sind hohe axiale Zug- und Schubspannungen, die am Einlauf in den Schulterbereich ihre Maximalwerte erreichen. Diese hohen axialen Zug- und Schubspannungen können durch eine
axiale Druckvorspannung vermindert werden.

Beim Napf-Rückwärts-Fließpressen werden häufig Stempel mit Geometrien
verwendet, die von der Normalform - Rotationssymetrie ohne Nebenformelemente - abweichen. Die Nebenformelemente können hierbei Zapfen bzw.
Bohrungen sein. Zur Herstellung von Näpfen mit nicht kreisförmiger
Innenkontur werden Formstempel mit nicht kreisförmigen Schaftquerschnitten benutzt. Die Auslegung von solchen Stempeln erfolgt in der Praxis
nach betriebsinternen Erfahrungen. Die gewählte Dimensionierung wird
durch die erreichbare Standzeit nachgeprüft und optimiert. Diese zeit-
aufwendige Vorgehensweise ist erforderlich, da bisher keine quantitativen Aussagen über die örtlich auftretenden Spannungen zur Verfügung
stehen.

Es erweist sich als zweckmäßig, mit Hilfe von universellen, aussagefähi-
gen Berechnungsmethoden, Auslegungsunterlagen für axial vorgespannte
Fließpreßmatrizen und Stempel mit Nebenformelementen zu erarbeiten.

Die breite Anwendung der Finite-Element-Methode (FEM) zur Berechnung von Werkzeugmaschinen und Werkzeugen [3] hat gezeigt, daß dieses Verfahren sehr gut geeignet ist, diskontinuierliche Geometrie- und Belastungsverhältnisse zu berücksichtigen. Durch die Erfüllung dieser Anforderung läßt sich diese Methode zur universellen Berechnung von Fließpreßwerkzeugen anwenden.

Die in neuerer Zeit entwickelte Boundary-Element-Methode (BEM) hat immer mehr an Bedeutung gewonnen. Sie hat ebenfalls die Fähigkeit, Probleme der Elastostatik universell zu lösen [4, 5]. Für linear-thermoelastische Untersuchungen an z. B. kompakten Bauteilen ist der Einsatz der BEM sehr vorteilhaft, so daß ihre Anwendung bei der Berechnung der Umformwerkzeuge geeignet erscheint.

In der vorliegenden Arbeit wurde mittels der FEM und der BEM der Spannungszustand in axial vorgespannten Fließpreßmatrizen und Stempeln mit Nebenformelemten untersucht. Die hierbei gewonnenen Ergebnisse wurden danach zu Berechnungsunterlagen für die Anwendung in der Praxis verarbeitet.

1.2 Stand der Erkenntnisse

Matrizen

Seit langem werden bei den Fließpreßwerkzeugen Schrumpfringe zur Erhöhung der Belastbarkeit benutzt. Theoretische Ansätze zur Spannungsanalyse in Schrumpfverbänden basieren überwiegend auf den Gleichungen von Lamé [6] unter den stark vereinfachenden Annahmen dickwandiger, unendlich langer Hohlzylinder, ebener Spannungszustand, rein linearelastisches Werkstoffverhalten und konstante Belastung über der gesamten Zylinderlänge. Zahlreiche Arbeiten nach dieser Theorie sind in der Literatur bekannt [7-11] und sind auch bei der Erstellung der VDI-Richtlinien 3176 [12] und 3186, Bl. 3 [13] verwendet worden. In [14] wird die analytische Auslegung von einfach und zweifach armierten Verbänden ausführlich dargestellt, die mit [15] auf vierteilige Bauweisen erweitert wird.

Diese Berechnungsmethoden können aber für die tätsächlich auftretenden Geometrie- und Belastungsverhältnisse - endliche Matrizenlänge, abgesetzte Matrize, begrenzte Druckraumhöhe - nur Näherungslösungen liefern. Genauere Ergebnisse sind mit den numerischen Rechenmethoden wie dem Differenzenverfahren, der FEM und der BEM zu erreichen.

Mit dem Differenzenverfahren, bei dem die Überführung von Differential-gleichungen der Elastizitätstheorie in Differenzengleichungen erfolgt, berechnen Kudo und Matsubara [16] die Spannungsverteilung in einem zylindrischen, endlich langen Preßverband bei variierter Druckraumhöhe. Hierbei zeigt es sich, daß die Druckraumhöhe einen nicht vernachlässig-baren Einfluß auf die Beanspruchung im Preßverband hat.

Die FEM erweist sich als ein sehr leistungsfähiges Rechenverfahren. FEM-Untersuchungen an Fließpreßmatrizen wurden bereits von mehreren Autoren behandelt [17-26]. In der Untersuchung von Krämer [17] wurden umfangreiche Parametervariationen an einfach und zweifach armierten Matrizenverbänden durchgeführt und Nomogramme zur Matrizenauslegung erstellt. Die Auslegung wird durch die Arbeit [18] für Matrizen mit abgesetzter Bohrung vervollständigt. Das ICFG Document 5/82 [19] ent-hält im wesentlichen Ergebnisse der Untersuchungen [17] und [18].

Zur Erhöhung der Belastbarkeit von Fließpreßwerkzeugen kann nach Neit-zert [20] die radiale Vorspannung so hoch aufgebracht werden, daß der Außenring schon vor der Betriebsbelastung plastifiziert ist. In seiner Untersuchung wird die Auslegungsmethode von Fließpreßwerkzeugen im Be-reich elastisch-plastischen Werkstoffverhaltens dargestellt.

Der Einfluß verschiedener Belastungsannahmen, Auflagerbedingungen und Lage der Druckraumzone auf den Spannungszustand in nicht vorgespannten, zylindrischen Werkzeugen wurde in einer Arbeit von Neubert und Völk-ner [21] untersucht. Unterschiedliche Belastungsannahmen an Matrizen mit abgesetzter Bohrung werden auch in der Untersuchung von Hößelbarth [22] erwähnt; quantitative Ergebnisse sind jedoch daraus nicht zu erkennen. In den Arbeiten [23, 24] wird ein CAD/CAM-System zur Ausle-gung und Fertigung von Aktivelementen für Fließpreßwerkzeuge vorge-stellt. Mit dem System können außer den Matrizen noch die Stempel berechnet werden.

Kling [25] führte eine FEM-Analyse des Ausweitungsverhaltens zylin-drischer und abgesetzter Schrumpfverbände bei Überlagerung mechanischer und thermischer Belastung durch. Auch auf der Basis einer thermomechani-schen Analyse untersuchte Nester [26] den Spannungszustand von Matri-zenverbänden mit Keramikkern in Abhängigkeit von Verfahrensparametern.

Die BEM stellt als ein relativ junges numerisches Rechenverfahren eine aussichtsreiche Möglichkeit zur Berechnung von Umformwerkzeugen dar. Ochiai und Yamamoto [27] untersuchten mit Hilfe dieser Methode den Spannungszustand in einfach und zweifach armierten Matrizenverbänden. Die Ergebnisse der BEM-Berechnungen stimmen dabei sehr gut mit denen der analytischen Lösung überein und sie sind genauer als die der FEM-Berechnungen.

Über das Beanspruchungsverhalten axial- bzw. längsvorgespannter Matrizen sind nur wenige Hinweise im Schrifttum gegeben. Bühler und Burgholte [28] berechnen die Spannungsverteilung in zylindrischen Preßwerkzeugen, die durch Längseinpressen im Gegensatz zum Querschrumpfen radial vorgespannt werden. Aus den Untersuchungsergebnissen geht hervor, daß die Anwendung von längseingepressten Preßpassungen bei Preßwerkzeugen zur Erzielung großer radialen Vorspannungen und damit einer besseren Werkstoffsausnutzung erwünscht ist. Berns [29] untersuchte die Längskräfte in der Fuge von nicht axial vorgespannten Werkzeugen, die nach der Abkühlung von der Schrumpftemperatur entstanden sind. Die Kombination einer radialen und axialen Vorspannung wurde in der Arbeit von Patel [30] genauer behandelt. Sie bestätigt den spannungsmindernden Effekt der axialen Vorspannung bei den untersuchten Ziehmatrizen und kann als erster Einstieg in die theoretische Untersuchung von axial vorgespannten Matrizen angesehen werden. Die Ergebnisse sind jedoch aufgrund der unterschiedlichen Belastungs- und Geometrieverhältnisse bei Ziehmatrizen auf Fließpreßmatrizen nur begrenzt übertragbar.

In der Praxis werden zur Vermeidung von Querrissen axial vorgespannte Fließpreßmatrizen bereits verwendet. Diese Matrizenart ist im Übergangsbereich zwischen dem zylindrischen Teil und der kegeligen Schulter quer geteilt.

Zur Optimierung von axial vorgespannten Matrizen erscheint es zweckmäßig, den Einfluß der axialen Vorspannung auf den Beanspruchungszustand systematisch zu untersuchen.

<u>Stempel</u>

Für die Auslegung von Fließpreßstempeln mit kreisförmigen Querschnitten gibt es Empfehlungen und Beispiele in der Literatur. Die Hinweise für die Gestaltung, Herstellung und Instandhaltung von Stempeln mit und ohne Dorn können aus der VDI-Richtlinie 3186, Bl. 2 [31] sowie aus dem ICFG-Document 6/82 [32] entnommen werden. Beim Hohl-Fließpressen werden der einfachen Herstellung wegen zum Teil Stempel mit festem Dornfortsatz verwendet. Die bei diesen Stempelformen an den Übergangsstellen auftretenden Spannungskonzentrationen reduzieren die Standzeit der Stempel. Daher bedarf die Dimensionierung solcher Stempel großer Aufmerksamkeit. Die VDI-Richtlinien 3138 [33] und 3185 [34] stellen Nomogramme zur Berechnung der bezogenen Stempelkraft und der größten Fließpreßkraft an Stempeln mit Normalform dar. Diese Auslegungsempfehlungen stützen sich auf zahlreiche Untersuchungsergebnisse [35-37].

Die Stempelform kann in verschiedener Weise von der Normalform abweichen. Der Einfluß der Stempelwirkseitenform auf die größte bezogene Stempelkraft wurde in [38] untersucht. Die in [31] als günstiger Kompromiß empfohlene flach-kegelige Stirnseitenform blieb dabei jedoch unberücksichtigt.

Bei Stempeln mit nicht kreisförmigen Schaftquerschnitten zum Napf-Rückwärts-Fließpressen wurde der Einfluß der Querschnittsform auf die größte bezogene Stempelkraft von Kast [39] experimentell untersucht. Quantitative Angaben sowie örtliche Spannungsverteilung sind aus dieser Arbeit jedoch nicht abzuleiten. Nowak [40] hat bei seiner Untersuchung des Napf-Rückwärts-Fließpressens nichtrotationssymmetrischer Werkstücke Gleichungen für die Berechnung der maximalen Druckspannung auf die inneren Matrizenoberfläche entwickelt. Am Stempel hat er nur eine vereinfachte Gleichung für die Berechnung der mittleren Druckspannung auf der Stirnfläche angegeben.

Die Verwendung von Stempeln mit nicht kreisförmigen Schaftquerschnitten sowie mit Nebenformelementen an der Wirkseite erlaubt die Gestaltung komplizierter Bodenformen im Napfinnern. Hierbei ist infolge der Kerbwirkung mit hohen Spannungskonzentrationen an den Übergangsstellen zu rechnen, die Einfluß auf die Standmenge der Stempel haben.

Die Kenntnis des Spannungszustandes in solchen Stempeln ist somit notwendig, um sie optimal zu gestalten und bei hohen Belastungen einsetzen zu können.

1.3   Zielsetzung

In der vorliegenden Arbeit soll der Spannungszustand in axial vorgespannten Fließpreßmatrizen und in Fließpreßstempeln mit von der Normalform - Rotationssymmetrie ohne Nebenformelemente - abweichenden Geometrien untersucht werden.

Im ersten Teil (Kapitel 3,4,5) wird der beanspruchungsmindernde Effekt einer axialen Vorspannung auf eine einfach armierte Fließpreßmatrize mit einer abgesetzten Werkzeugöffnung (Bild 1) quantitativ bestimmt. Bei der Untersuchung wird die axiale Vorspannung durch einen konstanten axialen Druck auf die Matrizenstirnfläche simuliert. Im Druckraum wird eine hydrostatische Belastung angenommen. Nach der Erstellung der Berechnungsvorschriften für die axiale Vorspannung soll ihr Einfluß auf den Spannungszustand einer quer geteilten Matrize untersucht werden. Zum Vergleich wird auch eine ungeteilte Matrize berechnet.

Die Parameteruntersuchung soll dann den Einfluß wesentlicher Geometrie- und Belastungsgrößen darlegen. Die Parameter, auch im Bild 1 dargestellt, sind im einzelnen:

-Geometrie: Durchmesserverhältnisse d/d_1, d/D, d/d_F

                Breite der Auflagefläche zwischen den zwei Teilen der geteilten Matrize B

                Schulteröffnungswinkel 2α

                Einlaufradius r_1

-Belastung: Axiale Vorspannung p_{ax}

                Relatives Haftmaß ξ

                Betriebsinnendruck p_i

                Druckraumhöhe h_D

Im zweiten Teil der Arbeit (Kapitel 6,7,8) wird die Spannungsverteilung im Bereich des Stempelkopfes bei Fließpreßstempeln mit runden Nebenformelementen und solchen mit nicht kreisförmigen Schaftquerschnitten behandelt (Bild 2). Im einzelnen wird folgendermaßen vorgegangen:

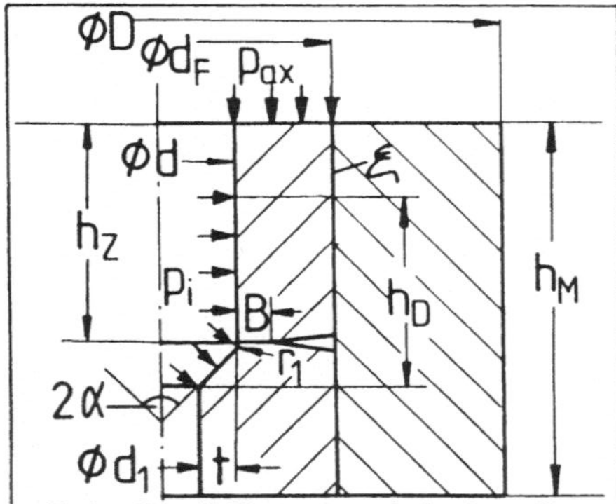

Variationsparameter		geteilt	ungeteilt
Geometrie	Matrizenhöhe h_M	k	k
	Innendurchmesser d	k	k
	Schaftdurchmesser d_1	v	k
	Fugendurchmesser d_F	v	k
	Außendurchmesser D	v	k
	Breite B der Auflagefläche	v	—
	Schulteröffnungswinkel 2α	v	v
	Einlaufradius r_1	v	k
	Lage vom Einlaufradius h_Z	k	k
Belastung	Axiale Vorspannung p_{ax}	v	v
	relatives Haftmaß ξ	v	k
	Innendruck p_i	v	v
	Druckraumhöhe h_D	v	k

v = variiert   k = konstant   — = entfällt

Schulteröffnungswinkel 2α
Rohteildurchmesser   d
Schaftdurchmesser d_1
Fugendurchmesser d_F
Außendurchmesser   D
Einlaufradius r_1
rel. Druckraumhöhe h_D/h_Z
rel. Haftmaß ξ
Innendruck p_i
axiale Vorspannung p_{ax}

Bild 1: Bezeichnungen am Matrizenverband und Variationsmatrix der untersuchten Parameter

- Berechnung der beim Napf-Rückwärts-Fließpressen üblichen Stempelkopf-
  geometrien (Normalform).

- Berechnung von Stempeln mit runden Nebenformelementen, wobei die
  Nebenformelente Zapfen oder Bohrungen sein sollen.

- Berechnung von Stempeln mit nicht kreisförmigen Schaftquerschnitten.

- Untersuchung der Möglichkeiten zum Abbau der Spannungsspitze an den
  Übergangsstellen.

Bei den Berechnungen werden die Stempel mit einer konstanten Druckspannung und einer konstanten Reibung auf der Stirnfläche belastet. Die
untersuchten Parameter sind je nach Stempelform unterschiedlich und
sind im Bild 2 angegeben.

Neben der Darstellung der Auswirkung der einzelnen Einflußgrößen durch
Diagramme werden sowohl im ersten als auch im zweiten Teil der Arbeit Auslegungsunterlagen in Form von Schaubildern und Berechnungstabellen erstellt,
die eine einfache Anwendung der gefundenen Zusammenhänge bei der Auslegung
und Nachrechnung von Fließpreßwerkzeugen ermöglichen sollen.

Die Untersuchung von Matrizen erfolgt mit Hilfe der Finite-Element-Methode. Bei der Untersuchung von Stempeln wird sowohl die Finite-Element-Methode als auch die Boundary-Element-Methode angewandt.

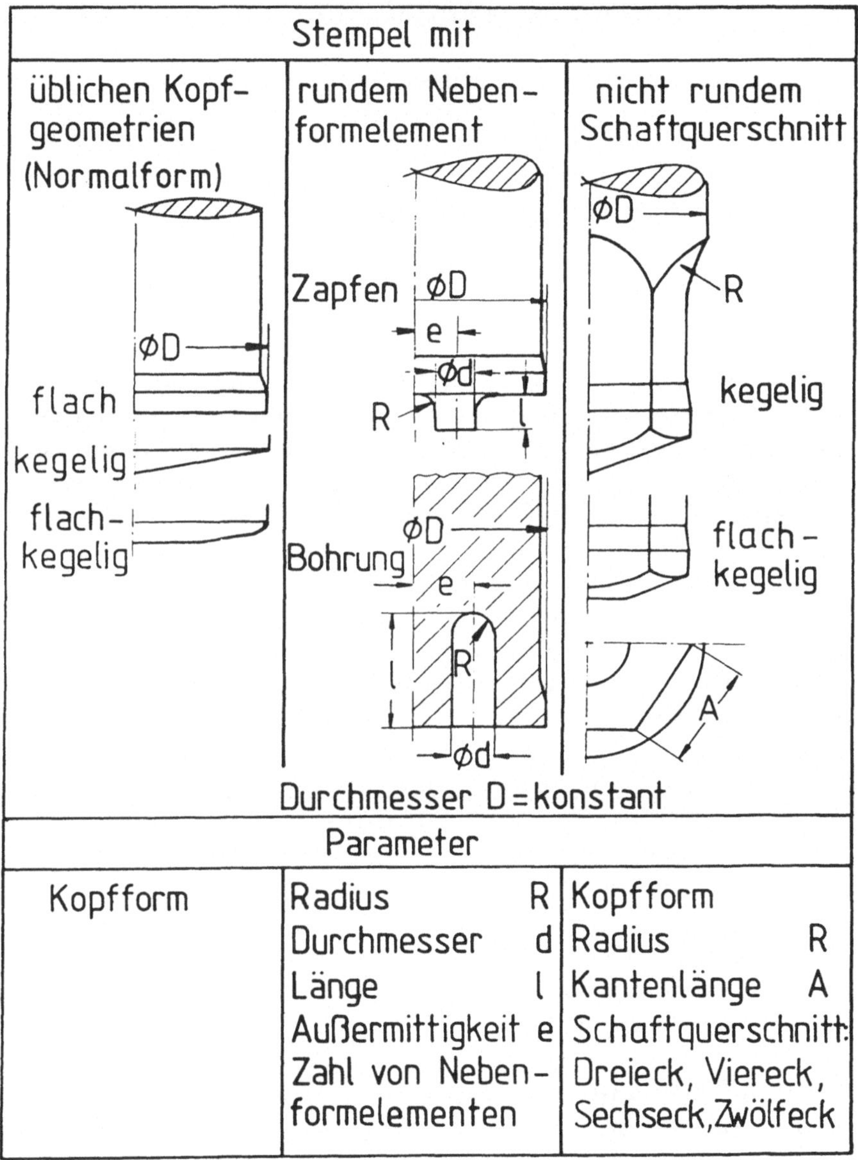

Bild 2: Bezeichnungen an Fließpreßstempeln und untersuchte Parameter

2.1   Finite-Element-Methode (FEM)

Das Rechenverfahren der finiten Elemente wird in mehreren Standardwerken [41 bis 44] ausführlich beschrieben. Im folgenden werden deshalb nur die wichtigsten Grundlagen zusammengefaßt.

2.1.1   Einführung

Der wesentliche Grundgedanke der FEM ist die Zerlegung eines beliebigen verformbaren Körpers in einzelne, endliche, einfache Körperelemente, die durch Knotenpunkte am Umfang der Elemente beschrieben werden und über diese auch an die Nachbarelemente gekoppelt sind. Der Verlauf der maßgebenden stetigen Veränderlichen auf dem Teilkörper, nämlich der Verschiebungen in der Verschiebungsmethode bzw. der Kräfte in der Kraftmethode, wird durch deren Werte in den Knotenpunkten und den Ansatzfunktionen bestimmt. Die Verschiebungsmethode ist wegen der wesentlichen besseren Anpassung an die Randbedingungen sowie programmtechnischer Vorteile am weitesten verbreitet. Bei dieser Methode sind die geometrischen Verträglichkeitsbedingungen für die Formänderungen (kinematische Verträglichkeit) überall im Volumen erfüllt.

2.1.2   Theoretische Grundlage der Verschiebungsmethode

Bei der Berechnung nach der Verschiebungsmethode wird in folgenden Schritten vorgegangen [44, 45, 46]:

Das elastische Tragwerk wird in einzelne, endliche Elemente diskretisiert. Der Verschiebungsvektor $\underline{\varrho}_e$ der Knotenpunkte wird als grundlegende Unbekannte eingeführt.

Innerhalb eines jeden Elementes wird ein polynomartiger Verschiebungsansatz angenommen und so der Verschiebungsvektor $\underline{u}$ an jeder Stelle des Elementes (durch entsprechende Polynome) über Ansatzfunktionen $[\phi]$ und den Verschiebungsvektor $\underline{\varrho}_e$ des Elementes dargestellt. Es gilt:

$$\underline{u} = [\Phi][\hat{\Phi}^{-1}]\,\underline{\rho}_e \quad , \tag{1}$$

wobei $[\hat{\Phi}]$ eine Transformationsmatrix darstellt, die sich aus den Bedingungen für $\underline{u}$ in den Knotenpunkten selber ergibt.

Aus (1) und dem Prinzip der virtuellen Arbeit bestimmt man die sogenannte Steifigkeitsmatrix $[k_e]$ jedes Elementes, die den Zusammenhang zwischen in den Knotenpunkten angreifenden Lasten $(\underline{P}_e)$ und daraus resultierenden Verschiebungen $(\underline{\rho}_e)$ darstellt:

$$\underline{P}_e = [k_e]\,\underline{\rho}_e \tag{2}$$

Durch Berechnen von (2) für jedes Element ergibt sich für den ganzen Körper die Last-Verschiebungs-Beziehung:

$$\underline{P} = [k]\,\underline{\rho} \tag{3}$$

wobei $\underline{P}$ den Vektor aller Elementknotenkräfte,

$\quad$ $[k]$ die Steifigkeitsmatrix aller Elemente und

$\quad$ $\underline{\rho}$ den Vektor aller Elementknotenverschiebungen darstellt.

Ein analoger Zusammenhang gilt für die äußeren Kräfte und die Tragwerksverschiebungen:

$$\underline{R} = [K]\,\underline{r} \tag{4}$$

wobei $\underline{R}$ den Vektor der äußeren Kräfte

$\quad$ $[K]$ die Steifigkeitsmatrix des Gesamttragwerks und

$\quad$ $\underline{r}$ den Vektor der Verschiebungen von allen Punkten des Gesamttragwerks darstellt.

Die Tragwerksverschiebungen $\underline{r}$ sind mit den Elementknotenverschiebungen $\underline{\rho}$ am selben Punkt identisch. Zwischen $\underline{\rho}$ und $\underline{r}$ besteht eine einfache geometrische Zuordnung, die sich ausdrücken läßt als:

$$\underline{\rho} = [a]\,\underline{r} \tag{5}$$

wobei die Elemente der Zuordnungsmatrix $[a]$ nur die Werte 0 oder 1 annehmen.

Bei Verwendung des Prinzips der virtuellen Arbeit läßt sich die Steifigkeitsmatrix des Gesamttragwerks [K] aus der Steifigkeitsmatrix aller Elemente [k] und der Zuordnungsmatrix [a] berechnen:

$$[K] = [a^T] [k] [a] \qquad (6)$$

Aus (4) erhält man so die Lösung von $\underline{r}$ (Vektor $\underline{R}$ und Matrix [K] sind bekannt) und mit (5) und (1) ergibt sich daraus $\underline{p}$, dann $\underline{p}_e$ und schließlich $\underline{u}$.

Aus der kinematischen Verträglichkeit innerhalb eines Elementes folgt:

$$\underline{\varepsilon} = [D] \underline{u} \qquad (7)$$

wobei $\underline{\varepsilon}$ den Dehnungsvektor und
[D] die Differentialoperatormatrix darstellt.

Über das Hookesche Stoffgesetz können die Spannungen in einem Element berechnet werden:

$$\underline{\sigma} = [E] \underline{\varepsilon} \qquad (8)$$

wobei $\underline{\sigma}$ den Spannungsvektor und
[E] die Elastizitätsmatrix darstellt.

2.1.3   Das Programmsystem ASKA

Zur Durchführung der FEM-Berechnungen wurde in der vorliegenden Arbeit das Programmsystem ASKA (Automatic System for Kinematic Analysis) [47], installiert auf dem Rechner Cray-1/M der Universität Stuttgart, angewandt. ASKA ist ein universelles Programmsystem, das zur Lösung von Problemen der Statik, Dynamik, Wärmeleitung u.a. eingesetzt werden kann.

ASKA ist modular aufgebaut. Die gesamte Problemlösung ist in logische Einzelschritte unterteilt. Diese stellen jeweils einen Programm-Modul bzw. einen Prozessor dar. Mehrere Einzel-Prozessoren lassen sich in Multi-Step-Prozessoren zusammenfassen. Diese Prozessoren und Multi-

Step-Prozessoren sind vom Anwender in einem ASKA-Steuerprogramm in einer sinnvollen Reihenfolge aufzurufen. Dabei ist die theoretische Kenntnis über die Vorgehensweise der Verschiebungsmethode vorausgesetzt.

Die Berechnungsdaten werden nach programmspezifischen Vorschriften eingegeben. Eingabedaten sind zunächst die Daten für die Beschreibung der Idealisierung und der Randbedingungen, dann die geometrischen Daten, die Werkstoffdaten und schließlich die Belastungsdaten. Diese Daten werden von ASKA automatisch getestet.

Die Ergebnisse werden in Form eines Protokolls ausgedruckt. Mit Hilfe der nachgeschalteten Programme können graphische Darstellungen angefertigt werden.

2.2   Boundary-Element-Methode (BEM)

2.2.1   Einführung

Die Boundary-Element-Methode (Randintegralgleichungsverfahren) hat in der jüngsten Zeit einen hohen Entwicklungsstand erreicht.

Der Grundgedanke der BEM beruht auf dem Superpositionsprinzip für lineare Systeme. Für derartige Systeme kann - z.B. mit Hilfe der Greenschen Formel oder dem Bettischen Satz - die üblicherweise in Form von Gebiets-Differentialgleichungen vorliegende Problembeschreibung eines physikalischen Sachverhaltes durch eine entsprechende Beschreibung der Randeffekte in Form von Randintegralgleichungen ersetzt werden [48]. Dadurch wird die Problembeschreibung um eine Dimensionsstufe verringert.

Aus der einfacheren Problembeschreibung resultiert eine einfachere Datenerstellung und eine geringere Zahl von Freiheitsgraden. Die numerische Problemlösung mit Hilfe der BEM führt zu einem ähnlichen algebraischen Gleichungssystem wie bei Anwendung der FEM, dessen Größe sich aus der Zahl der Knoten und ihrer Freiheitsgrade ergibt. So ist (wegen der geringeren Knotenzahl) die Koeffizientenmatrix deutlich kleiner als die der FEM. Die Lösung des Gleichungssystems muß aber nicht immer einfacher sein, denn die Koeffizientenmatrix ist (im gegensatz zur FEM) voll besetzt und im allgemeinen nicht symmetrisch und nicht positiv definit. Unterteilt man aber das Bauteil in mehrere Substrukturen, so läßt sich eine angenäherte Bandstruktur der Koeffizientenmatrix erzielen, deren Lösung eine kürzere Rechenzeit und mit Hintergrundspeichertechnik auch einen geringeren Kernspeicherbedarf benötigt.

Die BEM läßt sich derzeit effektiv nur auf dem Gebiet der statischen Probleme und der linearen Thermoelastizität einsetzen. Die Anwendung der BEM ist günstig bei Körpern mit einem kleinen Verhältnis Bauteiloberfläche/Bauteilvolumen.

Der wichtigste Druchbruch zur Entwicklung der heutigen BEM gelang 1967 durch eine Arbeit von Rizzo [49], in der er für das ebene Problem die direkte Potentialmethode anwandte und ausführlich die auftretenden Singularitäten diskutierte. Cruse [50] wandte die BEM erstmals auf dreidimensionale Probleme an. Die von Rizzo und Cruse entwickelten Techniken wurden von Lachat [51, 52] wesentlich verbessert. Von ihm stammt auch der Vorschlag für eine Substrukturtechnik. Mayr [53, 54] und Cruse et al. [55] entwickelten Lösungen für rotationssymmetrische Probleme. Stippes und Rizzo [56] erweiterten die Anwendungsmöglichkeiten der BEM durch Lösung des Volumenintegrals bei einfachen Volumenkraft- und Temperaturproblemen, die Rizzo und Shippy [57] in einer dreidimensionalen Programmversion verwirklichten. In [58] und [59] findet sich ein allgemeiner Überblick zur Entwicklung und Anwendung der BEM in den letzten Jahren.

Bei der BEM ist zwischen der "direkten" und der "indirekten" Methode zu unterscheiden. Während bei der "direkten" Methode die entsprechenden Größen - Spannung, Verformung - direkt miteinander verknüpft sind, muß bei der "indirekten" Methode zuerst ein Zwischenschritt gemacht werden, um Singularitätsbelegungen längs des Randes zu ermitteln. Erst danach können die gesuchten Größen behandelt werden.

Im nächsten Abschnitt wird die theoretische Grundlage der "direkten" BEM beschrieben, die sich auf dem Gebiet der Festkörpermechanik in den letzten Jahren eindeutig gegenüber der "indirekten" Methode durchgesetzt hat.

2.2.2   Theoretische Grundlage der direkten Boundary-Element-Methode

Im folgenden sollen die wesentlichen Überlegungen der "direkten" BEM (von
hier an nur noch BEM) am allgemeinen, dreidimensionalen Fall gezeigt
werden. Die Volumenkräfte und die thermische Beanspruchung werden dabei
nicht berücksichtigt.

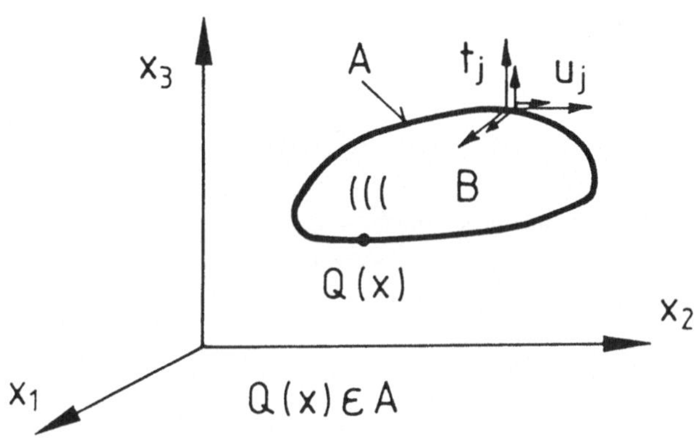

Bild 3: Untersuchtes Problem

Es liege ein dreidimensionales Bauteil B vor, <u>auf dessen Oberfläche A</u>
in jedem Punkt Q(x) von den drei Verschiebungskomponenten u_j und von
den drei Spannungskomponenten t_j insgesamt drei Komponenten vorgegeben
und die anderen Komponenten gesucht sind (Bild 3). Die drei bekannten
Komponenten dürfen keinen Arbeitsbetrag liefern.

<u>Satz von Betti</u>

Die Anwendung vom Bettischen Reziprozitätssatz ist eine der Möglichkeiten, eine Gebiets-Problemformulierung auf eine Randformulierung zu über-
führen:

Man betrachtet zwei Belastungssysteme I und II für denselben elasti-
schen Körper. Das System I ruft allein am Körper die Verschiebungen $\underline{u}^I$

hervor und das System II die Verschiebungen $\underline{u}^{II}$. Nach dem Bettischen Satz ist diejenige Arbeit, welche das System I bei den Verschiebungen $\underline{u}^{II}$ leistet, gleich der Arbeit, die das System II bei den Verschiebungen $\underline{u}^{I}$ leistet, d.h. es gilt bei Abwesenheit von Volumenkräften:

$$\int_{A} (\, t_j^{II}(x)\, u_j^{I}(x) - t_j^{I}(x)\, u_j^{II}(x)\,)\, dA = 0 \qquad (9)$$

Dabei gelte die Einsteinsche Summationskonvention: tritt ein unterer Index doppelt auf, so soll über ihn summiert werden.

Das zu lösende Problem (eigentliches Problem) soll nun als System I bezeichnet werden. Als System II soll ein bereits gelöstes Problem bezeichnet werden, das in der BEM "Fundamentallösung" oder "Referenzlösung" genannt wird. Die dazugehörenden Spannungs- und Verschiebungskomponenten sollen mit T_j und U_j bezeichnet sein.

<u>Die Referenzlösung</u>

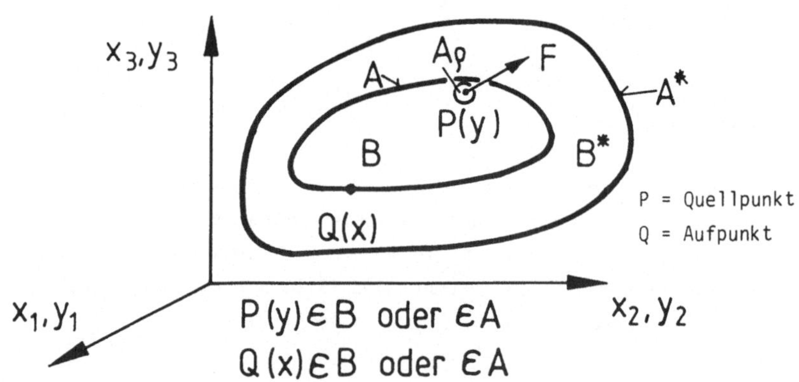

Bild 4: Fundamentallösung (Kelvin)

Für die Referenzlösung wird der Bereich B* mit der Oberfläche A* betrachtet. Dieser Referenzbereich B* muß den ganzen Bereich B enthalten. Der Angriffspunkt P(y) der Einzelkraft $\underline{F}$ mit den Koordinaten $y = (y_1, y_2, y_3)$, auch Quellpunkt genannt, kann auf der Oberfläche A oder im Körper B liegen. Die Einzellast wird in Komponenten F_k

(k = 1, 2, 3 im Vollraum) zerlegt und für jede Einzellastkomponente wird der daraus resultierende Verschiebungs- und Spannungszustand für jeden beliebigen Aufpunkt Q(x) ermittelt. Das Verfahren ähnelt dem Aufstellen der Steifigkeitsmatrixelemente bei der FEM.

Die mit Hilfe der Potentialtheorie erreichte Kelvin-Lösung liefert für eine im Quellpunkt P(y) angreifende Einzellast $F_k = 1$ (in Richtung k) folgende Verschiebung am Aufpunkt Q(x) in j-Richtung:

$$_k V_j (y,x) = \frac{1}{16\,\pi \cdot G \cdot (1-\nu) \cdot R} \left[(3-4\nu)\,\delta_{kj} + \frac{(x_k-y_k)(x_j-y_j)}{R^2} \right] \qquad (10)$$

wobei $R = \sqrt{(x_1-y_1)^2 + (x_2-y_2)^2 + (x_3-y_3)^2}$ $\qquad (11)$

G den Schubmodul, ν die Querkontraktionszahl und δ_{kj} das Kronecker-Symbol darstellt.

Mit Hilfe der Kinematik-Beziehung:

$$\varepsilon_{ij} = \frac{1}{2}(V_{i,j} + V_{j,i}) \qquad (12)$$

und dem Hookeschen Stoffgesetz:

$$\sigma_{ij} = \frac{2\nu G}{1-2\nu}\,\delta_{ij}\,\varepsilon_{hh} + 2G\,\varepsilon_{ij} \qquad (13)$$

ergibt sich dann ein entsprechendes $_k \sigma_{ij}$ (y, x).

$_k V_j$ (y, x) und $_k \sigma_{ij}$ (y, x) sind die allgemeinen Verschiebungen und Spannungen im Körper. Bei Benutzung des Bettischen Satzes müssen Werte auf der Oberfläche genommen werden. Die Randbedingungen liefern:

$$_k U_j (y, x) = _k V_j (y, x_{Rand}) \qquad (14)$$

$$_k T_j (y, x) = _k \sigma_{ij} (y, x_{Rand})\, n_i (x_{Rand}) \qquad (15)$$

wobei n_i den nach außen zeigenden Normalenvektor auf der Oberfläche darstellt.

Ausgangsintegralgleichung der BEM

Mit den gewonnenen Referenzlösungen erhält man aus (9) für eine beliebige Quellpunktlage P(y) nun K-Gleichungen:

$$\int_A [\,_kT_j(y,x)\, u_j(x) -\,_kU_j(y,x)\, t_j(x)\,]\, dA(x) = 0 \tag{16}$$

$$(k = 1 \text{ bis } K; \text{ im 3D-Fall ist } K = 3)$$

Wie man aus Gleichung (10) sieht, streben die Werte von $_kU_j(y,x)$ und $_kT_j(y,x)$ gegen ∞, wenn x gegen y (oder $R \rightarrow 0$) geht. Diese Singularität muß zunächst durch eine Restkontur $A\rho$ mit dem Radius ρ um den Quellpunkt P(y) aus der Integration in (16) ausgeschlossen werden. Man erhält durch $\rho \rightarrow 0$:

$$\lim_{\rho \rightarrow 0} \int_{A\rho} {_kU_j}(y,x)\, t_j(x)\, dA\rho(x) = 0 \tag{17}$$

$$\lim_{\rho \rightarrow 0} \int_{A\rho} {_kT_j}(y,x)\, u_j(x)\, dA\rho(x) = {_kC_j}(y)\, u_j(y) \tag{18}$$

wobei $_kC_j(y)$ von der Lage des Quellpunkts P abhängig ist.

Damit ergibt sich schließlich die Ausgangsintegralgleichung der BEM:

$$\boxed{\,_kC_j(y)\, u_j(y) + \int_A \left[_kT_j(y,x)\, u_j(x) - {_kU_j}(y,x)\, t_j(x) \right]\, dA(x) = 0\,} \tag{19}$$

Für den Fall, daß der Quellpunkt P(y) innerhalb des Bereiches B liegt, ist $_kC_j(y) = 1$ und man erhält:

$$u_j(y) = \int_A \left[_kU_j(y,x)\, t_j(x) - {_kT_j}(y,x)\, u_j(x) \right]\, dA(x) \tag{20}$$

Diese Gleichung erlaubt die Berechnung der Verschiebungskomponenten an einem beliebigen Quellpunkt im Inneren des Bereichs allein aus der Kenntnis der Randdaten.

Gleichung (19) ergibt für eine Quellpunktlage K singuläre Integralgleichungen. Diskretisiert man nun die Bauteilkontur, so daß die Geometrie und der vorgegebene Oberflächenspannungs- und -verschiebungsverlauf mit genügender Genauigkeit ausgedrückt werden können, kann man ein Gleichungssystem aufstellen, in dem man den Quellpunkt nacheinander in jedem Knotenpunkt annimmt und die so ermittelten linear unabhängigen Gleichungen zusammenfaßt.

Diskretisierung der Integralgleichung

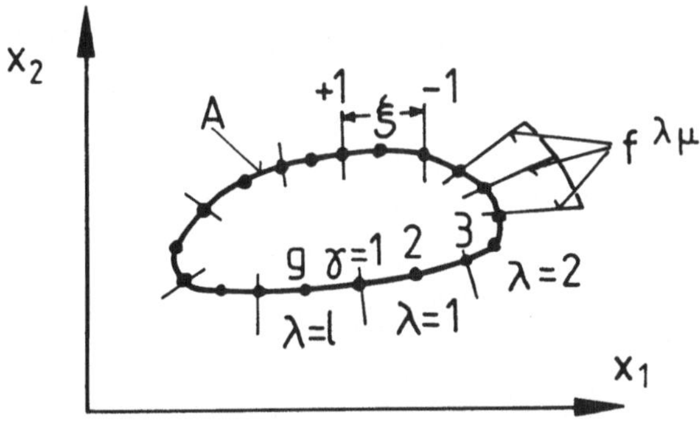

Bild 5: Diskretisierung der Integralgleichung.

Die Kontur A wird, wie im Bild 5 für den ebenen Fall gezeigt, in l Konturelemente aufgeteilt. So läßt sich das Konturintegral in l Teilintegrale zerlegen:

$$\int_A [\ldots]\, dA(x) = \sum_{\lambda=1}^{l} \int_{A^{\lambda}} [\ldots]\, dA^{\lambda}(x) \qquad (21)$$

wobei in eckigen Klammern die in Gleichung (19) auftretenden Integranden stehen sollen.

Die Kontur $A^\lambda(x)$ läßt sich für jedes Element in Parameterform darstellen. Man verwendet einen dimensionslosen, lokalen Parameter ξ, der das Intervall $[-1, 1]$ durchläuft (im 3D-Fall $\xi = (\xi_1, \xi_2)$). Im lokalen Koordinatensystem werden die Randfunktionen diskretisiert als:

$$f^\lambda(\xi) = \sum_{\mu=1}^{m} M^\mu(\xi)\, f^{\lambda\mu} J^\lambda(\xi) \tag{22}$$

wobei $M^\mu(\xi)$ die Interpolationsfunktion

$\qquad f^{\lambda\mu}\quad$ die Knotenwerte der Randfunktionen (Spannung oder Verschiebung) darstellen.

Durch die Größe von m und die Interpolationsfunktion lassen sich verschiedene Approximationsgrade realisieren. Die Jakobi-Funktion ist in der Formel (22) aufgrund des Übergangs auf lokale Koordinaten enthalten.

Damit läßt sich nun Gleichung (19) für einen Quellpunkt schreiben als:

$$_k C_j^\gamma u_j^\gamma + \sum_{\lambda=1}^{l} \sum_{\mu=1}^{m} u_j^{\lambda\mu} \int\limits_{\xi} {}_k T_j^{\gamma\lambda} M^\mu\, J^\lambda\, d\xi =$$

$$\sum_{\lambda=1}^{l} \sum_{\mu=1}^{m} t_j^{\lambda\mu} \int\limits_{\xi} {}_k U_j^{\gamma\lambda} M^\mu\, J^\lambda\, d\xi \tag{23}$$

$$(k = 1 \div K,\ \gamma = 1 \div g)$$

Für jede Lage des Quellpunktes erhält man K Gleichungen. Legt man nun den Quellpunkt nacheinander in jeden der insgesamt g Knoten, die die Kontur approximieren, so erhält man K.g Gleichungen der Art (23). Darin sind genau K.g unbekannte Randspannungs- bzw. -verschiebungskomponenten enthalten. Faßt man zusammen, so läßt sich das ganze Gleichungssystem (23) darstellen durch:

$$[A]\underline{u} = [B]\underline{t} \qquad\qquad (24)$$

wobei die Koeffizientenmatrizen $[A]$ und $[B]$ K.g Zeilen und Spalten,
der Randverschiebungsvektor $\underline{u}$ und der Randspannungsvektor $\underline{t}$ K.g
Komponenten haben.

Bringt man nun die bekannten Komponenten auf die rechte, die Unbekannten auf die linke Seite und faßt zusammen, so läßt sich (24) in der
Form schreiben:

$$[A*]\underline{x} = \underline{R} \qquad\qquad (25)$$

wobei der K.g-Komponentenvektor $\underline{x}$ gesucht ist.

Gleichungslösung

Der größte numerische Aufwand besteht in der Berechnung der Koeffizienten
von Matrix $[A]$ und $[B]$, da sie voll besetzt und nicht symmetrisch sind.

Nach der Lösung des Gleichungssystems (25) - z.B. mit Hilfe des
Gauss-Algorithmus - kennt man die drei "aufprägbaren" Spannungen und
die Verschiebungen längs des gesamten Randes. Die aufprägbaren Spannungen sind die Spannungen, die man auf die Bauteiloberfläche aufbringen
kann. Im 3D-Fall sind dies die Normalspannung senkrecht zur Oberfläche
und die zwei Schubspannungen tangential zur Oberfläche. Über die Kinema-
tik-Beziehungen und das Hookesche Gesetz werden dann die drei restli-
chen (nicht aufprägbaren) Spannungen in einem weiteren Schritt bestimmt.

Im Fall, daß der Spannungs- und Verformungszustand auch im Innern des
Bauteiles untersucht werden soll, muß die Gleichung (20) benutzt werden.
Nachdem alle Informationen auf dem Rand bekannt sind, kann das gesamte
Verschiebungsfeld $u_j(y)$ im Innern des Körpers punktweise bestimmt wer-
den. Die Berechnung des Spannungsfeldes erfolgt wieder mit den Kinema-
tik-Beziehungen und mit Hilfe des Hookeschen Gesetzes.

2.2.3   <u>Das Programmsystem BETSY</u>

Zur Durchführung der BEM-Berechnungen wurde in der vorliegenden Arbeit das Programmsystem BETSY (Abkürzung von <u>B</u>oundary <u>E</u>lement Code for <u>T</u>hermoelastic <u>Sy</u>stems) [60] angewandt.

BETSY besteht aus fünf selbständigen Programmen, von denen zwei in der vorliegenden Arbeit benutzt werden:

BETSY-AX0: Lösung von Problemen mit axialsymmetrischer Geometrie unter axialsymmetrischen Belastungen (wie radialer Druck, Axialkraft). Stationäre Temperaturfelder und Fliehkraftbeanspruchung können berücksichtigt werden.

BETSY-AX1: Lösung von Problemen mit axialsymmetrischer Geometrie unter Belastungen, welche entlang des Umfangs durch das 1. Glied einer Fourier-Reihe darstellbar sind (wie Biegemoment, Querkraft). Temperatur- und Fliehkraftbeanspruchung werden im Programm noch nicht berücksichtigt.

Das Torsionsproblem erfordert ein anderes Programm (BETSY-AXT) und wird dort getrennt behandelt.

Die Substrukturtechnik ist im Programm BETSY-AX0 verwirklicht. Die Einzelpunktauswertung (für einen Punkt im Innern des Körpers) wurde in den bisherigen Programmversionen noch nicht realisiert.

Die problembezogenen Daten werden nach bestimmten Vorschriften formatgebunden bzw. mit Hilfe eines vorgeschalteten Unterprogramms formatfrei eingegeben. Zur Darstellung der Bauteilgeometrie und Rechenergebnisse kann ein zusätzliches Unterprogramm nachgeschaltet werden.

3   Untersuchungsplan, Belastungsannahmen und Rechenmodelle für
         axial vorgespannte Matrizen

3.1   Untersuchungsplan

Bei der Untersuchung der axial vorgespannten Fließpreßmatrizen wurden
die Parameter in Bild 1 gewählt. Die Parameter Schulteröffnungswinkel,
Einlaufradius, Durchmesserverhältnisse, relatives Haftmaß, Innendruck
und Druckraumhöhe haben einen unmittelbaren Einfluß auf die Matrizenbeanspruchung [12, 13] und wurden in mehreren Arbeiten berücksichtigt [17, 18, 20, 25, 26]. Für geteilte Matrizen kam darüberhinaus noch
die Breite der Auflagefläche zwischen zwei Teilen der Matrize als ein
wichtiger Parameter hinzu.

Die systematische Untersuchung befaßte sich mit einer Grundauslegung und
der Variation der einzelnen Größen der Grundauslegung. Die Daten der
Grundauslegung entsprechen den in der Praxis häufig benutzten Werten.
Bei der Untersuchung des Einflußes einer Größe wurden durchwegs auch der
Schulteröffnungswinkel und der Innendruck als Parameter variiert. Tabelle 1 zeigt die Daten der Grundauslegung und die Werte der Änderungs-
größen.

In den nachfolgenden Abschnitten 3.2 und 3.3 werden die Vorspannung und
die Belastungsannahmen behandelt. Abschnitt 3.4 befaßt sich mit der
FE-Idealisierung des Problems.

3.2   Vorspannungsschaubild

Bild 6 zeigt das allgemeine Prinzip einer axial vorgespannten Fließpreßmatrize bei Vorspannung und Betriebsbelastung. Hierin stellen Teil 1 und
6 die Spannplatten, Teil 2 und 5 die Druckplatten, Teil 3 und 4 den
oberen und den unteren Teil der Matrize dar. Die Spannschrauben werden
gemeinsam durch den Teil 7 beschrieben.

Beim Vorspannen wird das gesamte Werkzeug mit einer Stempelkraft F_D
be astet (Bild 6a). Unter Beibehaltung dieser Kraft werden die Muttern
an den Schrauben 7 angezogen. Bei Wegnahme der Stempelkraft F_D federn

Tabelle 1: Parameteruntersuchung am Matrizenverband

Änderungsgröße	Wert der Grundauslegung	Variierte Werte	60°	90°	120°	0	1000	1500	2000	Bemerkung
			Schulteröffnungswinkel 2α			Innendruck p_i in N/mm²				
p_{ax} in N/mm²	400	0 800 1200	x	x	x	x	x	x	x	ungeteilte Matrize
	200	400 800 1200	x	x	x	x	x	x	x	geteilte Matrize A_{Aufl}/A_{Stirn} = 1
	200	100 300 400	x	x	x	x	x	x	x	
Breite B in mm	4	2 6 15	(x)	x	(x)	x	x	x	x	geteilte Matrize A_{Aufl}/A_{Stirn}=0,183
A_{Aufl}/A_{Stirn}	0,183	0,084 0,297 1								
ξ in ‰	4	2 6	x	x	x	x	x	x	x	
h_D in mm	40	20 30	x	x	x	x	x	x	x	
h_D/h_z	0,89	0,45 0,67								
d_1 in mm	10	14 20	x	x	x	x	x	x	x	
d/d_1	2	1,43 1								
D in mm	133	66,5	x	x	x	x	x	x	x	
Q = d/D	0,15	0,3								
d_F in mm	50	40	x	x	x	x	x	x	x	konstante Größen
$Q_1 = d/d_F$	0,4	0,5								d = 20 mm, h_z = 45 mm, h_M = 80 mm
r_1 in mm	1	2 4	x	x	x	x	x	x	x	
r_1/d	0,05	0,10 0,20								

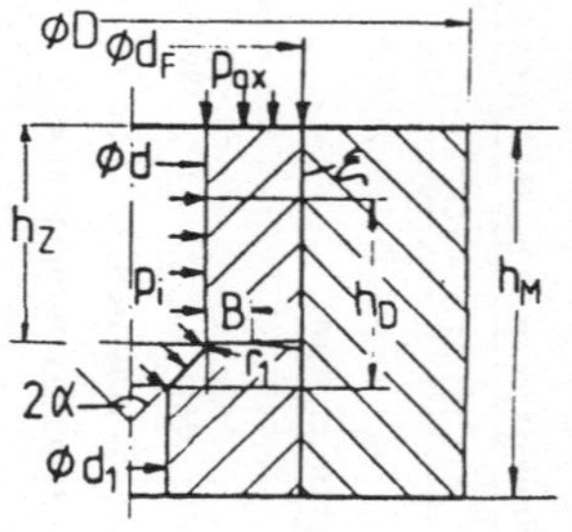

A_{Aufl} = Auflagefläche A_{Stirn} = Stirnfläche   (x) : B = 4 mm und 15 mm

die vorgespannten Teile 1 bis 6 mehr oder weniger in Abhängigkeit von den Steifigkeiten der einzelnen Teile 1 bis 7 sowie vom augenblicklichen Belastungszustand der Schrauben 7 zurück. Es bleibt im Werkzeug eine Vorspannkraft F_V zurück, die kleiner als die Druckkraft F_D ist.

Es ist zu untersuchen,

- wie groß die Vorspannkraft F_V nach Wegnahme der Druckkraft F_D ist (für den Fall, daß sich die Schrauben im Augenblick der Kraftwegnahme erst zu dehnen beginnen)

und

- wie sich die Vorspannkraft F_V mit der Umformkraft F_U ändert.

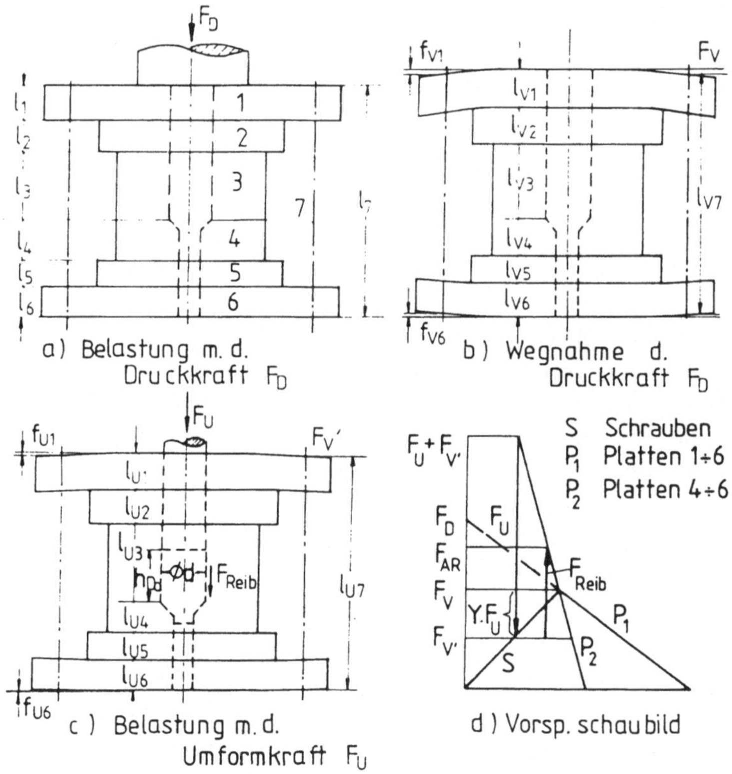

Bild 6: Die axiale Vorspannung und ihre Änderung während der Belastung

3.2.1   <u>Bestehende Vorspannkraft F_V nach Wegnahme der Druckkraft F_D</u>

Beim Vorhandensein der Druckkraft F_D werden die Teile 1 bis 6 ge-
staucht. Teil 7 ist noch spannungsfrei (Bild 6a). Es gilt für die
axialen Längen der Teile 1 bis 7:

$$l_1 + l_2 + l_3 + l_4 + l_5 + l_6 = l_7 \tag{26}$$

Bei Wegnahme der Kraft F_D entspannen sich die Teile 1 bis 6, während
Teil 7 gestreckt wird (Bild 6b). Im System wirkt jetzt eine Vorspannkraft F_V. Es gilt:

$$l_{V1} + l_{V2} + l_{V3} + l_{V4} + l_{V5} + l_{V6} - f_{V1} - f_{V6} = l_{V7} \tag{27}$$

Hierin ist:

$$\left. \begin{aligned} l_{V1} &= l_1 + (F_D - F_V) / C_1 \\ & \vdots \\ l_{V6} &= l_6 + (F_D - F_V) / C_6 \end{aligned} \right\} \tag{28}$$

und

$$l_{V7} = l_7 + F_V / C_7$$

wobei die Steifigkeit C_i definiert ist als

$$C_i = E \, A_i / l \quad \text{mit } i = 1 \text{ bis } 7 \tag{29}$$

und E den Elastizitätsmodul, A_i die Druckfläche bzw. Zugfläche und l_i
die axiale Länge des Teiles i darstellt.

Aus der Vorspannkraft F_V und der Biegesteifigkeit C_b kann die Aufbie-
gung f_V berechnet werden:

$$f_{V1} = F_V / C_{b1}$$
$$f_{V6} = F_V / C_{b6} \tag{30}$$

wobei C_b nach den Gleichungen in Bild 7 [61] ermittelt werden kann.

Nach Einsetzen der Beziehungen für l_{Vi} und f_{Vi} in (27) und Abziehen der
somit erhaltenen Gleichung von (26) ergibt sich:

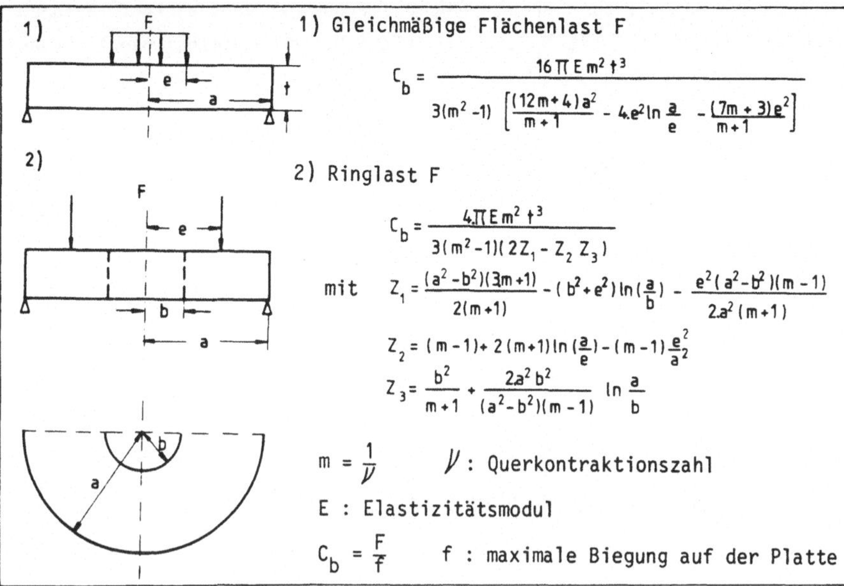

$$C_b = \frac{16\,\pi\,E\,m^2\,t^3}{3(m^2-1)\left[\dfrac{(12m+4)a^2}{m+1} - 4\cdot e^2\ln\dfrac{a}{e} - \dfrac{(7m+3)e^2}{m+1}\right]}$$

$$C_b = \frac{4\,\pi\,E\,m^2\,t^3}{3(m^2-1)(2Z_1 - Z_2 Z_3)}$$

$$Z_1 = \frac{(a^2-b^2)(3m+1)}{2(m+1)} - (b^2+e^2)\ln\left(\frac{a}{b}\right) - \frac{e^2(a^2-b^2)(m-1)}{2a^2(m+1)}$$

$$Z_2 = (m-1) + 2(m+1)\ln\left(\frac{a}{e}\right) - (m-1)\frac{e^2}{a^2}$$

$$Z_3 = \frac{b^2}{m+1} + \frac{2a^2 b^2}{(a^2-b^2)(m-1)}\ln\frac{a}{b}$$

$$C_b = \frac{F}{f}$$

Bild 7: Formeln für die Berechnung der Biegesteifigkeit von Rundplatten nach [61].

$$\frac{F_D - F_V}{C_1} + \frac{F_D - F_V}{C_2} + \cdots + \frac{F_D - F_V}{C_6} - \frac{F_V}{C_{b1}} - \frac{F_V}{C_{b6}} = \frac{F_V}{C_7} \qquad (31)$$

Die resultierende Steifigkeit C_{res} von Teil 1 bis 6 ist definiert als:

$$\frac{1}{C_{res}} = \frac{1}{C_1} + \frac{1}{C_2} + \cdots + \frac{1}{C_6} \qquad (32)$$

Es ergibt sich aus (31) und (32):

$$\frac{F_D}{C_{res}} = F_V \left(\frac{1}{C_{res}} + \frac{1}{C_7} + \frac{1}{C_{b1}} + \frac{1}{C_{b6}} \right) \qquad (33)$$

Daraus folgt:

$$F_V = X\,F_D \qquad (34)$$

mit

$$X = \frac{1/C_{res}}{1/C_{res} + 1/C_7 + 1/C_{b1} + 1/C_{b6}} \qquad (35)$$

Der Vorspannungsfaktor X beschreibt die Größe der Vorspannkraft F_V nach Wegnahme der Druckkraft F_D und soll möglichst groß dimensioniert werden (mit maximalem Wert von 1). Für einen möglichst großen Wert von X ergeben sich folgende Anforderungen:

$$C_{res} \text{ (d.h. } C_1 \text{ bis } C_6) \Rightarrow \text{möglichst klein}$$

$$C_7, C_{b1}, C_{b6} \Rightarrow \text{möglichst groß}$$

Falls C_{b1} und C_{b6} vergleichsweise sehr groß sind, ist nahezu keine Biegung vorhanden und es gilt:

$$X \simeq \frac{1/C_{res}}{1/C_{res} + 1/C_7} \tag{36}$$

3.2.2 <u>Verminderung der Vorspannkraft mit der Belastung</u>

Für diese Berechnung wird angenommen, daß die Umformkraft F_U vollständig auf die Schulter von Teil 4 wirkt (Bild 6c).

Tritt die Umformkraft F_U auf, werden die Teile 4,5 und 6 mehr belastet, während die Teile 1,2,3 und 7 entlastet werden. Somit ist die neue Vorspannkraft F_V' in den Teilen 1,2,3 und 7 kleiner als F_V und die Belastung $F_U + F_V'$ in den Teilen 4,5 und 6 größer als F_V.

Es gilt jetzt:

$$l_{U1} + l_{U2} + \ldots + l_{U6} - f_{U1} - f_{U6} = l_{U7} \tag{37}$$

mit

$$
\begin{aligned}
l_{Ui} &= l_{Vi} + (F_V - F_V') / C_i & i &= 1 \text{ bis } 3 \\
l_{Uj} &= l_{Vj} - (F_U + F_V' - F_V) / C_j & j &= 4 \text{ bis } 6 \\
l_{U7} &= l_{V7} - (F_V - F_V') / C_7 & & \\
f_{U1} &= F_V'/C_{b1} & & \\
f_{U6} &= F_V'/C_{b6} & &
\end{aligned}
\tag{38}
$$

d.h., die Teile 1 bis 3 werden weniger gedrückt, die Teile 4 bis 6 werden mehr gedrückt und Teil 7 wird weniger gedehnt.

Einsetzen der Gleichungen (38) in (37) und die Subtraktion von (27) ergibt:

$$F_V' = F_V - Y\, F_U = X\, F_D - Y\, F_U \qquad (39)$$

mit dem Verminderungsfaktor

$$Y = \frac{1/C_4 + 1/C_5 + 1/C_6}{1/C_{res} + 1/C_7 + 1/C_{b1} + 1/C_{b6}} \qquad (40)$$

oder bei vernachlässigbarer Biegung:

$$Y = \frac{1/C_4 + 1/C_5 + 1/C_6}{1/C_{res} + 1/C_7} \qquad (41)$$

Der Verminderungsfaktor Y beschreibt die Größe des Vorspannungsverlustes während der Umformung und sollte möglichst klein sein, d.h.,

$$C_4,\ C_5 \text{ und } C_6 \Longrightarrow \text{ möglichst groß}$$

und $\quad C_{res},\ C_7,\ C_{b1} \text{ und } C_{b6} \Longrightarrow \text{möglichst klein.}$

Die Forderung nach einem möglichst kleinen Y-Wert steht danach im Widerspruch mit der Forderung nach einem möglichst großen X-Wert. Ein Kompromiß zwischen den beiden Forderungen muß somit geschlossen werden. Insgesamt ergeben sich folgende Forderungen für die Einzelsteifigkeiten:

Teil 1, 2 und 3: möglichst weich, d.h. C_1, C_2, C_3: möglichst klein.
Teil 4, 5 und 6: möglichst steif, d.h. C_4, C_5, C_6 möglichst groß.
Teil 7 sollte möglichst steif sein für möglichst große Vorspannkraft.

Die Kraft F_V' ist die restliche axiale Vorspannkraft, die bei Betriebsbelastung noch auf die Matrizenstirnfläche wirkt. Eine Auslegung von axial vorgespannten Matrizen ist nur sinnvoll, wenn die erreichte Kraft F_V' größer als Null ist. Ansonsten hat die axiale Vorspannung keine Bedeutung. In Bild 6d wird das Vorspannungsschaubild dargestellt.

In Höhe des Schultereinlaufradius bzw. in Höhe der Teilungsebene wird die Belastung F_{AR} der Matrize in axialer Richtung noch durch die

Reibkraft F_{Reib} im zylindrischen Teil erhöht:

$$F_{AR} = F_V' + F_{Reib} = X\ F_D - Y\ F_U + F_{Reib} \qquad (42)$$

wobei die Reibkraft F_{Reib} wie folgt berechnet werden kann:

$$F_{Reib} = \pi\ d\ h_{Do}\ p_i\ \mu \qquad (43)$$

p_i stellt die radiale Druckspannung im zylindrischen Teil der Matrize dar und μ die Reibzahl.

Beim hydrostatischen Fließpressen entfällt F_{Reib} und die axiale Kraft F_{AR} im Radiusbereich ist gleich die Vorspannkraft F_V' auf der Matrizenstirnfläche.

Der Verminderungsfaktor Y ist abhängig von der Konstruktion der Fließpreßwerkzeuge und kann sehr unterschiedliche Werte annehmen. Die Berechnungen von einigen Beispielen zeigen, daß die Größe von Y zwischen 0,2 und 0,5 liegen kann.

Die axiale Vorspannung hat nach (39) bzw. (42) bei Betriebsbelastung keine gleichbleibende Wirkung. Sie nimmt mit wachsender Umformkraft ab. Zur Berechnung der Beanspruchung einer axial vorgespannten Fließpreßmatrize muß die axiale Vorspannung der vorliegenden Konstruktion im Betriebszustand bestimmt werden.

3.3   Annahmen für den Belastungs-, den Reib- und den Vorspannungszustand

Für die Ermittlung der Belastungsverteilung in Fließpreßmatrizen wurden von mehreren Autoren theoretische und experimentelle Untersuchungen durchgeführt [35, 62, 63]. Die Ergebnisse sind abhängig vom Umformverfahren und haben nur eine begrenzte Gültigkeit. Zur allgemeinen Verwendbarkeit des Rechenergebnisses wird in der vorliegenden Arbeit entsprechend den früheren FEM-Untersuchungen [17, 18, 20, 25, 26] die Matrize mit einem hydrostatischen Druck p_i über den Druckraum h_D belastet. Die Untersuchungen von Neubert [21] und Lange [64] lassen erkennen, daß die

Matrizenbeanspruchung bei anderen Belastungsannahmen nicht höher als die einer hydrostatischen Innendruckbelastung sind.

Der Druck p_i beim Voll-Vorwärts-Fließpressen kann unter Verwendung der Trescaschen Fließbedingung:

$$\sigma_z - \sigma_r = k_f \qquad (44)$$

als

$$p_i = p_{St} - k_{fo} \qquad (45)$$

angenommen werden, wobei k_{fo} die Anfangsfließspannung des Werkstückwerkstoffes darstellt und p_{St} den Stempeldruck, der u.a. aus der VDI-Richtlinie 3185, Bl. 1 [34] ermittelt werden kann.

Die Reibung in der Fuge zwischen Matrize und Außenring wird in der vorliegenden Arbeit nicht berücksichtigt. Das Ergebnis der Untersuchung von Krämer [17] zeigte, daß eine Berechnung mit einer Reibzahl $\mu \leqslant 0,16$ in der Fuge zu einer maximalen Vergleichsspannung führt, die in etwa 4 % von der einer Berechnung mit $\mu = 0$ abweicht.

Die radiale Vorspannung wird durch das relative Haftmaß ξ beschrieben. Unter dem relativen Haftmaß versteht man das auf den Fugendurchmesser bezogene Haftmaß Z [65]:

$$\xi = \frac{Z}{d_F} = \frac{d_{Ia} - d_{Ai} - 1,2 \, (R_{ti} + R_{ta})}{d_F} \qquad (46)$$

wobei d_{Ia} den Außendurchmesser des Innenrings, d_{Ai} den Innendurchmesser des Außenrings und R_{ti} bzw. R_{ta} die Rauhtiefe an den Oberflächen des Innenrings bzw. des Außenrings darstellt. Der Fugendurchmesser d_F ist der Durchmesser, der nach der Schrumpfung entstanden ist und kann als d_{Ia} bzw. d_{Ai} bei der Rechnung eingesetzt werden.

Zur Simulation der radialen Vorspannung kann entweder der gesamte Außenring mit einer nach innen gerichteten Anfangsdehnung oder die gesamte Matrize mit einer nach außen gerichteten positiven Anfangsdehnung beaufschlagt werden. Unter der Annahme der Verträglichkeitsbedingung [17] :

$$\frac{d\,\varepsilon_t}{d\,r} = \frac{\varepsilon_r - \varepsilon_t}{r} \qquad (47)$$

gilt für sehr kleine Dehnungen ($d\,\varepsilon_t \approx 0$) :

$$\varepsilon_r \approx \varepsilon_t \qquad (48)$$

Jeder Knotenpunkt des Außenrings wird dann mit Anfangsdehnungen $\eta = \eta_r = \eta_t = \varepsilon_r = \varepsilon_t = -\xi$ beaufschlagt.

Die axiale Vorspannung wird mit einem gleichmäßigen Druck auf der Matrizenstirnfläche simuliert. Diese axiale Vorspannung stellt die verbleibende axiale Vorspannung bei Betriebsbelastung dar. Die axiale Vorspannung läßt sich mit Hilfe der in Abschnitt 3.2.2 definierten Bezeichnungen wie folgt berechnen:

$$p_{ax} = \frac{F_V{'}}{A_{Stirn}} \qquad (49a)$$

wobei A_{Stirn} die Matrizenstirnfläche ist.

Für einen nicht reibungsfreien Belastungszustand im Druckraum kann die Wirkung der Reibung zwischen dem Werkstück und der zylindrischen Wand der Matrize vergleichsweise durch eine Erhöhung der axialen Vorspannung berücksichtigt werden:

$$p_{ax} \approx \frac{F_V{'} + F_{Reib}}{A_{Stirn}} = \frac{F_{AR}}{A_{Stirn}} \qquad (49b)$$

Gleichung 49b besitzt Allgemeingültigkeit. Bei $F_{Reib} = 0$ geht Gleichung (49b) in Gleichung (49a) über.

3.4 FEM-Rechenmodelle

Die Diskretisierung - Elementaufteilung, Elementtypen - bei einer FEM-Be-

rechnung hat entscheidenden Einfluß auf die Güte der Ergebnisse. Sie
ist deshalb sehr sorgfältig durchzuführen. Aus den mehr als 50 zur
Verfügung stehenden ASKA-Elementen sind die für die vorliegende Arbeit
benötigten Elemente in Bild 8 zusammengefaßt. Die Elementtypen TRIAX6
und TRIAXC6 werden bei der Idealisierung von Matrizen verwendet. Für die
Idealisierung von Stempeln werden noch die Elementtypen HEXEC20, PENTAC15,
QUAX8, QUAXC8 benötigt.

Die Idealisierung von Fließpreßmatrizen läßt sich aufgrund der rotationssymmetrischen Geometrie und Randbedingungen auf ein ebenes Problem
in der r-z Ebene eines Zylinder-Koordinatensystem r-z-θ zurückführen.

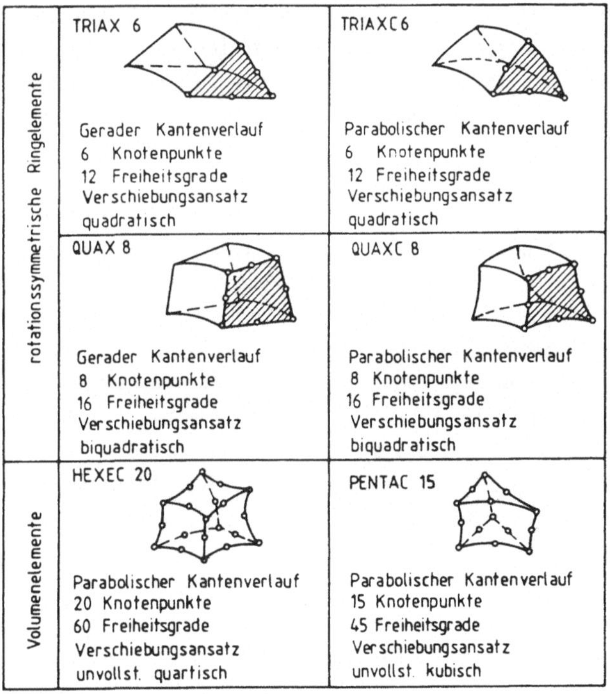

rotationssymmetrische Ringelemente	TRIAX 6	TRIAXC6
	Gerader Kantenverlauf 6 Knotenpunkte 12 Freiheitsgrade Verschiebungsansatz quadratisch	Parabolischer Kantenverlauf 6 Knotenpunkte 12 Freiheitsgrade Verschiebungsansatz quadratisch
	QUAX 8	QUAXC 8
	Gerader Kantenverlauf 8 Knotenpunkte 16 Freiheitsgrade Verschiebungsansatz biquadratisch	Parabolischer Kantenverlauf 8 Knotenpunkte 16 Freiheitsgrade Verschiebungsansatz biquadratisch
Volumenelemente	HEXEC 20	PENTAC 15
	Parabolischer Kantenverlauf 20 Knotenpunkte 60 Freiheitsgrade Verschiebungsansatz unvollst. quartisch	Parabolischer Kantenverlauf 15 Knotenpunkte 45 Freiheitsgrade Verschiebungsansatz unvollst. kubisch

Bild 8: Verwendete Elementtypen des Programmsystems ASKA [47].

In Bild 9a ist die Idealisierung einer ungeteilten Matrize dargestellt. Die Daten entsprechen denen der Grundauslegung. Mit den verwendeten rotationssymmetrischen Ringelementen TRIAX6 (geradliniger Kantenverlauf) und TRIAXC6 (parabolischer Kantenverlauf) kann eine beliebig feine Idealisierung einfach erfolgen. Beide Elementarten haben einen quadratischen Verschiebungsansatz, welcher einen Spannungsgradienten im Element zuläßt.

Der Matrizenverband wurde in 4 Netze unterteilt, wobei das Netz 200 den Armierungsring darstellt. Die Topologie der Netze 300 und 400 ermöglicht eine schnelle Änderung der Parameter Schulteröffnungswinkel und Schultereinlaufradius. Netz 400 wurde besonders fein idealisiert, da in diesem Teil der Matrize hohe Spannungsgradienten auftreten. Das Konvergenzverhalten im Netz 400 wurde bereits in der Arbeit [18] untersucht. Das Ergebnis der Konvergenzuntersuchung zeigt, daß eine noch feinere Idealisierung keine Veränderung der Spannungswerte bewirkt. Bild 9a beschreibt ferner die Anzahl der Elemente und Unbekannten in jedem Netz.

Die Idealisierung der zugrunde gelegten geteilten Matrize zeigt Bild 9b. Die Teilungsebene liegt entsprechend den in der Praxis ausgeführten Konstruktionen dicht oberhalb des Radiusbereiches. Die Breite der Auflagefläche wird zwischen 2 und 15 mm variiert, was einem Verhältnis Auflagefläche/Matrizenstirnfläche von 0,084 bis 1 entspricht. Der Winkel ß zwischen den Teilungsebenen kann als ausreichend groß angesehen werden, d.h. die axiale Vorspannung bewirkt keine Vergrößerung der Auflagefläche. Die Idealisierung besteht aus 6 Netzen, wobei das Netz 200 für den Außenring unverändert bleibt. Die Elementaufteilung und Elementtypen in den anderen Netzen sind ähnlich denen in der ungeteilten Matrize.

Matrize und Außenring sind an der Unterseite in axialer Richtung gelagert. Sie können sich in radialer Richtung frei bewegen.

Für Matrize und Außenring wurden der Elastizitätsmodul $E = 210.000$ N/mm^2 und die Querkontraktionszahl $\nu = 0,3$ verwendet.

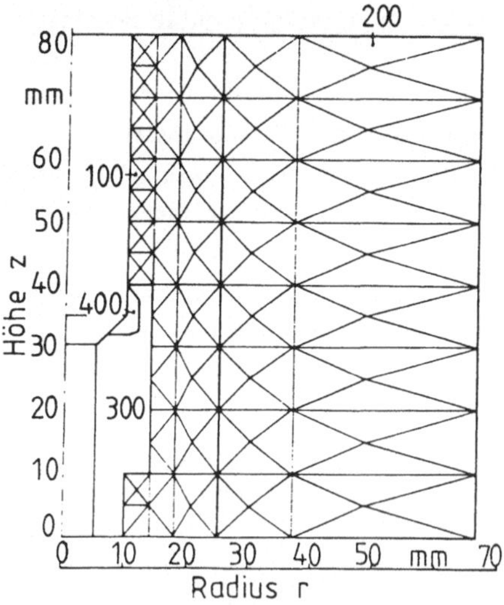

Netz	Ele-mente	Knoten-punkte	Freiheits-grade
100	120	274	386
200	64	149	277
300	196	600	644
400	90	280	378
Ges.-netz	0	71	86

a) ungeteilte Matrize

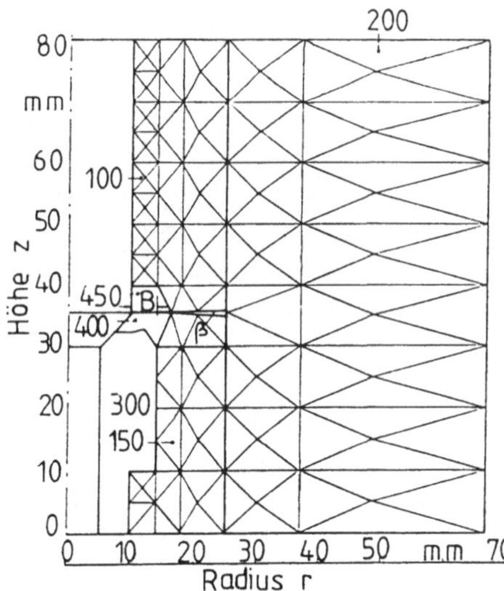

Netz	Ele-mente	Knoten-punkte	Freiheits-grade
100	122	274	279
150	124	274	122
200	64	149	273
300	196	600	634
400	92	280	301
450	22	160	97
Ges.-netz	0	171	86

b) geteilte Matrize

Bild 9:   Idealisierung der zugrunde gelegten ungeteilten und geteilten Matrize

In diesem Kapitel wird der Einfluß wesentlicher Auslegungsparameter auf den Spannungszustand von axial vorgespannten Fließpreßmatrizen untersucht. Im Abschnitt 4.1 erfolgt die Untersuchung sowohl für geteilte als auch für ungeteilte Matrizen, um die Ergebnisse zwischen den beiden Matrizenarten zu vergleichen. Ab Abschnitt 4.2 werden nur noch die geteilten Matrizen berücksichtigt, da, wie in Abschnitt 4.1 aufgezeigt wird, ein eindeutiger Vorteil der geteilten Matrizen gegenüber den ungeteilten besteht.

Zur Berechnung der Vergleichsspannung wird entsprechend den früheren Untersuchungen [17, 18, 20] die Gestaltänderungsenergiehypothese verwendet.

4.1   Einfluß der axialen Vorspannung p_{ax} und der horizontalen Teilung

4.1.1   Einfluß der axialen Vorspannung bei ungeteilten Matrizen

Der Vergleich zwischen ungeteilten Matrizen mit und ohne axialer Vorspannung gibt zuerst einen Überblick über die Auswirkung der axialen Vorspannung auf den Beanspruchungszustand in der Matrize. Zum Vergleich werden die Verläufe der einzelnen Spannungsanteile entlang der Innenkontur zweier Matrizen mit Schulteröffnungswinkel $2\alpha = 120^{\circ}$, relativem Haftmaß $\xi = 4\ \permil$ und Innendruck $p_i = 1500\ \text{N/mm}^2$ betrachtet, vgl. Bild 10. Bei einer Matrize wird eine axiale Vorspannung $p_{ax} = 400\ \text{N/mm}^2$ aufgebracht.

Die Radialspannungen zeigen annähernd gleiche Verläufe. Die Radialspannung wird von der axialen Vorspannung kaum beeinflußt. Nur am Schultereinlaufradius ist ein Spannungsunterschied von ca. $400\ \text{N/mm}^2$ zu vermerken.

Im Gegenteil zur Radialspannung ist ein erheblicher Einfluß der axialen Vorspannung auf d e Axialspannung ersichtlich. Außerhalb vom Schultereinlaufbereich wird eine Spannungsminderung in der Größe der axialen

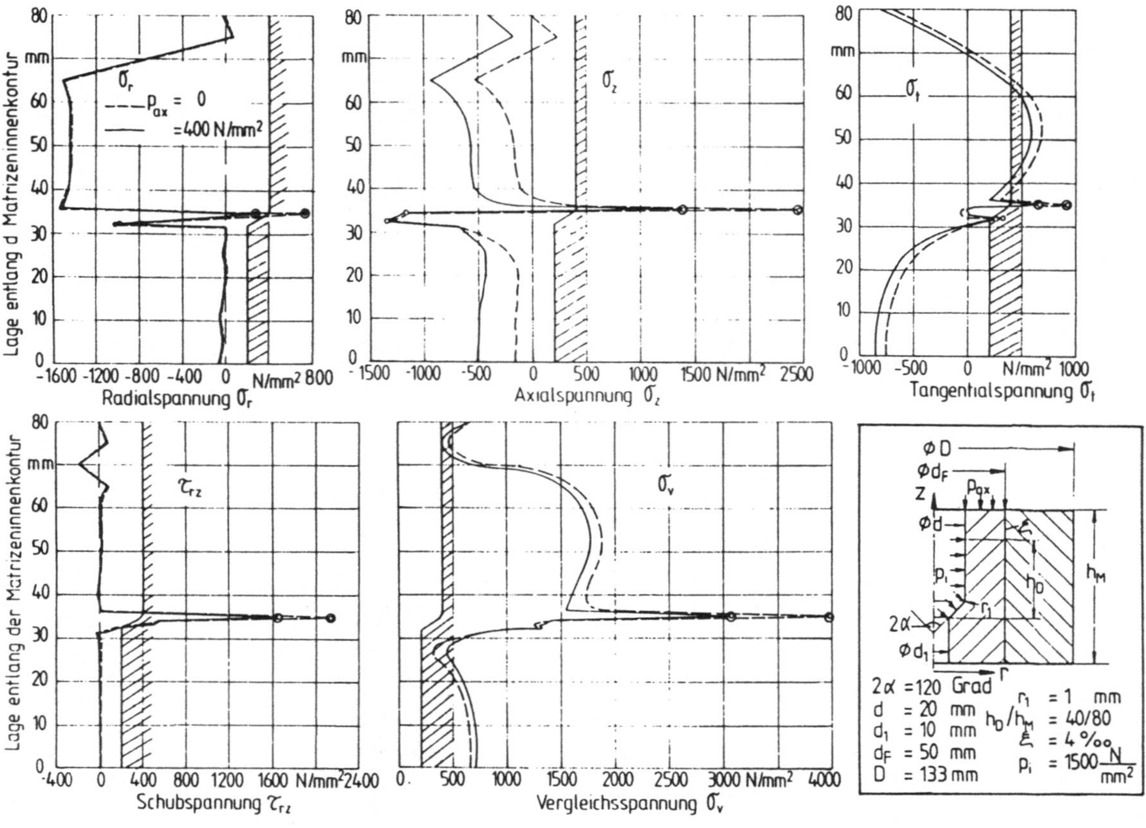

Bild 10: Spannungsverläufe bei ungeteilten Matrizen mit und ohne axiale Vorspannung

Vorspannung erreicht. Im Schultereinlaufbereich führt die Kerbwirkung
zu einer größeren Verminderung der Axialspannung.

Bei den Kurven der Tangentialspannungen ist auch eine kleine Verschiebung in den Druckbereich - Spannungsunterschied 100 N/mm^2 - erkennbar.
Am Schultereinlaufradius liegt eine größere Spannungsminderung vor.

Die Verminderung der Schubspannungsspitze am Schultereinlaufradius
durch die axiale Vorspannung ist beträchtlich und hat ungefähr den Wert
von 450 N/mm^2. Außerhalb vom Schultereinlaufbereich sind die Schubspannungen sehr klein und können vernachlässigt werden.

Insgesamt ruft die axiale Vorspannung eine erhebliche Verminderung der
Spannungsspitze am Schultereinlaufradius hervor. Bei 400 N/mm^2 axialer
Vorspannung wird eine Minderung der maximalen Vergleichsspannung von
930 N/mm^2 erreicht. Außerhalb vom Schulterbereich beträgt die Spannungsminderung nur noch ca. 100 N/mm^2. Die hohen Spannungsspitzen von
4000 N/mm^2 und 3070 N/mm^2 sind jedoch nur theoretische Rechenwerte, die
aufgrund des im FE-Programm ASKA angewandten linear-elastischen Stoffge-
setzes auftreten.

4.1.2   <u>Einfluß der axialen Vorspannung bei quer geteilten Matrizen</u>

Der Einfluß der horizontalen Teilung wird an einer ungeteilten und
einer geteilten Matrize mit Schulteröffnungswinkel 2α = 120^0 bei axialer Vorspannung p_{ax} = 400 N/mm^2 und Innendruck p_i = 1500 N/mm^2 untersucht. Die Auflagefläche der beiden Teile der geteilten Matrize hat die
Größe der Matrizenstirnfläche.

Bild 11 zeigt die Verschiebung entlang den untersuchten Matrizen. Da in
der Fuge keine Reibung berücksichtigt wird, verschiebt sich unter dem Einfluß der axialen Vorspannung die Matrize gegenüber den Außenring. Unter-
schiede in der Verschiebung der beiden Matrizen ergeben sich im Bereich
der Teilungsebene. Der obere Teil der geteilten Matrize wird aufgrund der
fehlenden Stützwirkung des unteren Teils mehr nach außen verschoben. An
diesem Teil ist eine größere Beanspruchung als im Fall der ungeteilten Matrize zu erwarten.

Der untere Teil der geteilten Matrize wird dagegen weniger verformt -
d.h. wird entlastet. In diesem Teil wirkt sich die Belastung im

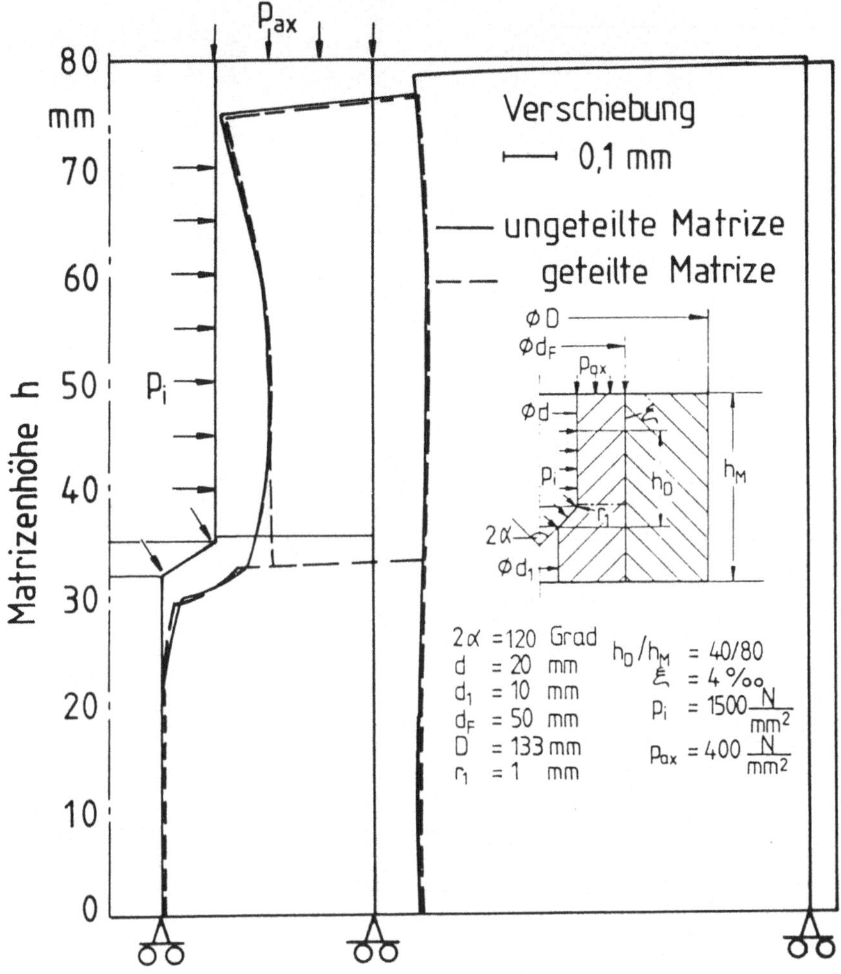

Bild 11: Verschiebung entlang der Kontur einer ungeteilten und einer geteilten
Matrize bei Innendruckbelastung und axialer Vorspannung

zylindrischen Teil des Druckraums nicht aus . Zu beachten ist der
Durchmesserunterschied in beiden Teilen der Matrize; er beträgt in
diesem Fall 0,132 mm. Bei der Konstruktion von geteilten Matrizen muß
dieser Durchmesserunterschied - z.B. durch kleinere Dimension des Aufnehmer-
durchmessers des oberen Teils - dann berücksichtigt werden.

Die Gegenüberstellung der Spannungsverläufe entlang der Innenkontur der
beiden untersuchten Matrizen wird in Bild 12 dargestellt.

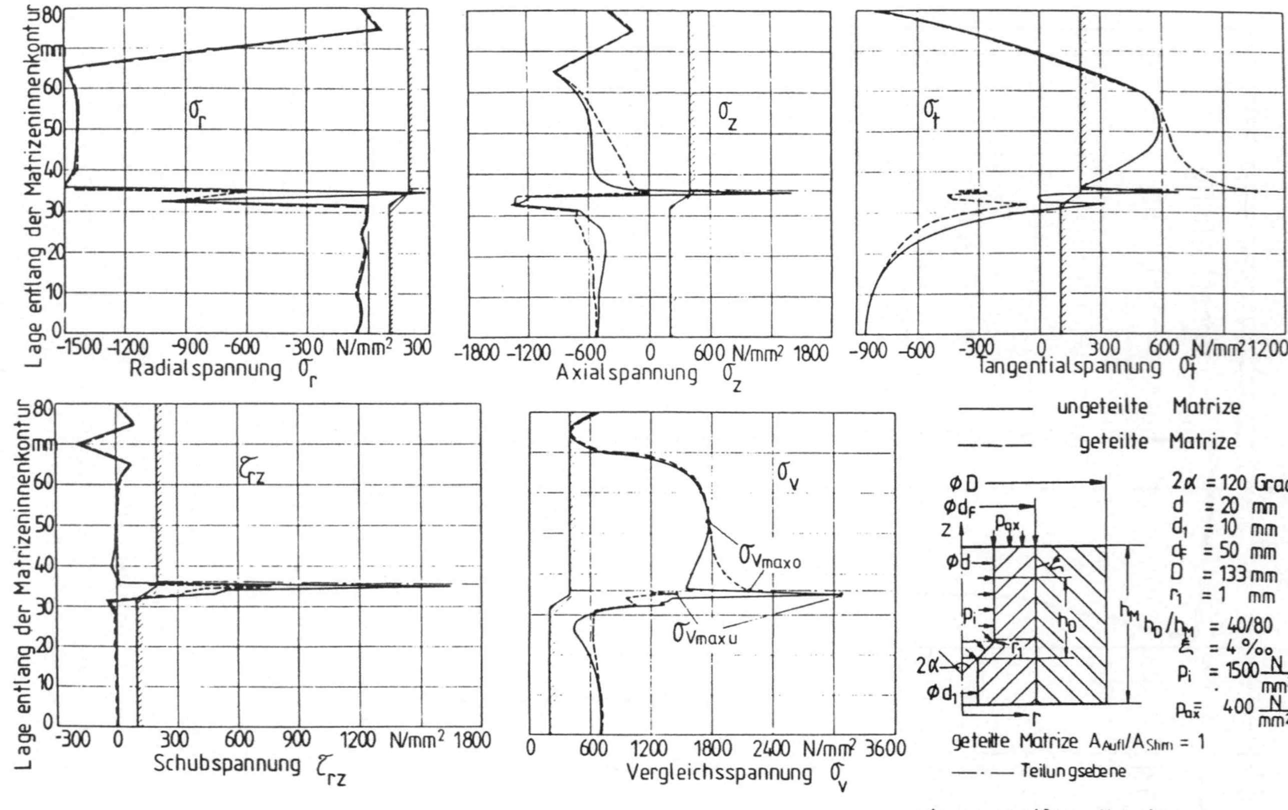

Lage entlang der Matrizeninnenkontur
σ_r
Radialspannung σ_r
σ_z
Axialspannung σ_z
σ_t
Tangentialspannung σ_t
τ_{rz}
Schubspannung τ_{rz}
σ_v
$\sigma_{v\,max\,o}$
$\sigma_{v\,max\,u}$
Vergleichsspannung σ_v
ungeteilte Matrize
geteilte Matrize
$2\alpha = 120$ Grad
$d = 20$ mm
$d_1 = 10$ mm
$d_F = 50$ mm
$D = 133$ mm
$r_1 = 1$ mm
$h_D/h_M = 40/80$
$\varepsilon = 4\,\%_0$
$p_i = 1500\ \frac{N}{mm^2}$
$p_{ax} = 400\ \frac{N}{mm^2}$
geteilte Matrize $A_{Aufl}/A_{Shm} = 1$
Teilungsebene
einer geteilten Matrize

Die Kurven der Radialspannungen zeigen im oberen Teil der Matrize nur einen geringen Unterschied. Große Abweichungen sind jedoch im Schulterbereich des unteren Teils erkennbar: anstelle von Zugspannungen bei der ungeteilten Matrize treten bei der geteilten Matrize hohe Druckspannungen auf. Ab dem Schulterauslauf verlaufen die beiden Kurven identisch weiter bis zur unteren Auflagefläche der Matrize

Bei einer Vorspannung p_{ax} = 400 N/mm^2 tritt bei der Kurve der Axialspannung der ungeteilten Matrize immer noch eine hohe, gefährliche Zugspannungspitze am Einlaufradius auf. Sie wird bei der geteilten Matrize bis zur Druckzone stark abgebaut. Ansonsten ist die Druckbeanspruchung des oberen Teils der geteilten Matrize etwas geringer und die des unteren Teils größer als im Fall der ungeteilten Matrize.

An der Kontaktfläche im oberen Teil der geteilten Matrize tritt entsprechend der maximalen Verschiebung auch eine maximale Tangentialspannung auf. Sie übersteigt den Spitzenwert der ungeteilten Matrize. Die starke Zunahme der Tangentialspannung im oberen Teil kann durch die fehlende Stützwirkung des unteren Teils erklärt werden. Im unteren Teil der Matrize sind an beiden Übergängen zur Schulter noch zwei weitere Spitzenwerte bei der Kurve der Tangentialspannung zu erkennen, die aber stark in den Druckbereich verschoben werden. Da die angenommene hydrostatische Druckbelastung senkrecht zur Schulteroberfläche wirkt, ist die Radialbelastung und dementsprechend die Tangentialspannung im unteren Teil der Matrize kleiner als die im oberen Teil.

Die Schubspannungen zeigen im oberen, zylindrischen Teil der Matrizen keinen nennenswerten Betrag (keine Reibung). Im Schultereinlaufbereich des unteren Teils wird die maximale Schubspannung durch die Matrizenquerteilung auf etwa die Hälfte vermindert. Außerhalb des Schulterbereiches beträgt die Schubspannung praktisch Null.

Die Verläufe der Vergleichsspannungen zeigen, daß,im Vergleich zum Fall der ungeteilten Matrize,der obere Teil der geteilten Matrize mehr belastet, während der untere Teil - der Teil mit dem Schultereinlaufradius - stark entlastet wird. Das Maximum liegt jetzt im oberen Teil und beträgt ca. 73% des Maximums der ungeteilten Matrize. Die größere Beanspruchung des oberen Teils der Matrize im Vergleich zum unteren Teil ist auf die größere Radialbelastung und dementsprechend auch die größere Tangentialspannung im oberen Teil zurückzuführen.

4.1.3 Vergleich zwischen ungeteilten und geteilten Matrizen bei verschiedenen axialen Vorspannungen

Bild 13 zeigt die Abhängigkeit der maximalen Vergleichsspannung von der axialen Vorspannung in einer ungeteilten und einer geteilten Matrize sowie im Außenring bei einem Innendruck p_i = 1500 N/mm^2 für einen Schulteröffnungswinkel 2α = 90°.

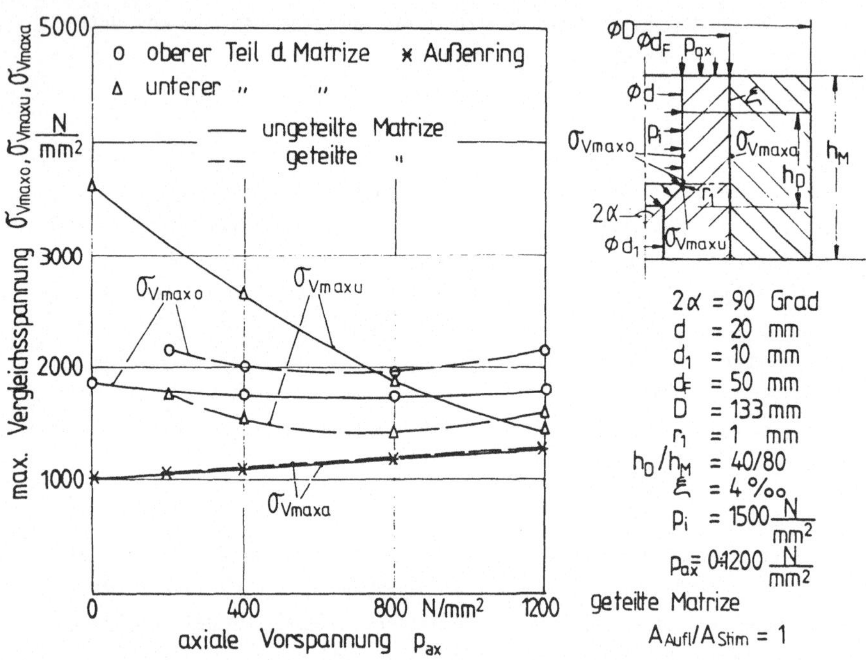

Bild 13: Vergleich zwischen einer ungeteilten und einer geteilten Matrize bei verschiedenen axialen Vorspannungen

Der Vergleich zwischen ungeteilter und geteilter Matrize läßt folgendes erkennen:

a) Bei geringer axialer Vorspannung kann mit der Querteilung eine erhebliche Spannungsminderung gegenüber der ungeteilten Matrize erreicht werden. Die maximale Vergleichsspannung beträgt z.B. für eine axiale

Vorspannung p_{ax} = 200 N/mm^2 im Fall der geteilten Matrize 2150 N/mm^2, im Fall der ungeteilten Matrize 3100 N/mm^2.

b) Bei hoher axialer Vorspannung kann demgegenüber die maximale Vergleichsspannung in der ungeteilten Matrize geringfügig kleiner als die in der geteilten Matrize sein ; z.B. beträgt die maximale Vergleichsspannung für die axiale Vorspannung p_{ax} = 800 N/mm^2 im Fall der geteilten Matrize 1940 N/mm^2, im Fall der ungeteilten Matrize 1850 N/mm^2. In diesem Fall ist der Spannungsunterschied jedoch klein und der große Aufwand für das Aufbringen dieser hohen axialen Vorspannung ist nicht gerechtfertigt. Aus konstruktiven Gründen lassen sich in der Praxis nur kleine axiale Vorspannungen realisieren.

c) Die ungeteilte Matrize wird im Schultereinlaufbereich am stärksten beansprucht. Der am stärksten beanspruchte Bereich der geteilten Matrize liegt in ihrem oberen Teil am Innenrand der Auflagefläche (s. Bild 12). Das Ziel bei der Untersuchung der geteilten Matrizen ist es dann, die Beanspruchung besonders im oberen Teil zu vermindern.

d) Im Außenring ist die maximale Vergleichsspannung bei ungeteilter und geteilter Matrize gleich. Sie nimmt mit wachsender axialer Vorspannung linear zu.

Ähnliche Ergebnisse wurden auch bei Schulteröffnungswinkel 2α = 60° und 120° erreicht. Da die Gegenüberstellung Vorteile für geteilte Matrizen zeigt, werden in den nächsten Abschnitten nur noch diese berücksichtigt.

4.2 Einfluß der Breite der Auflagefläche bei der geteilten Matrize

Aus Bild 14 geht der Einfluß der Breite der Auflagefläche zwischen dem oberen und dem unteren Teil der geteilten Matrize auf den Spannungszustand der Matrize hervor. Die Breite B der Auflagefläche wurde bei einer Matrize mit Schulteröffnungswinkel 2α = 90° und axialer Vorspannung p_{ax} = 200 N/mm^2 zwischen 2 und 15 mm verändert. Dies entspricht einem Verhältnis Auflagefläche/Stirnfläche von 0,084 bis 1. Mit abnehmender Kontaktfläche wächst bei fehlendem Innendruck p_i die Druckvorspannung und somit auch die Vergleichsspannung. Der Verlauf für $p_i = 0$ zeigt, daß die Größe der Auflagefläche nicht beliebig klein gewählt werden darf. An der Auflagefläche darf die maximale Beanspruchung die Fließgrenze nicht überschreiten. Es soll an dieser Stelle erwähnt werden, daß die Matrize beim Erreichen der axialen Vorspannungskraft F_V schon mit höherer Druckkraft F_D (d.h. mit höherer axialer Druckspannung) belastet wurde (s. Abschnitt 3.2.1).

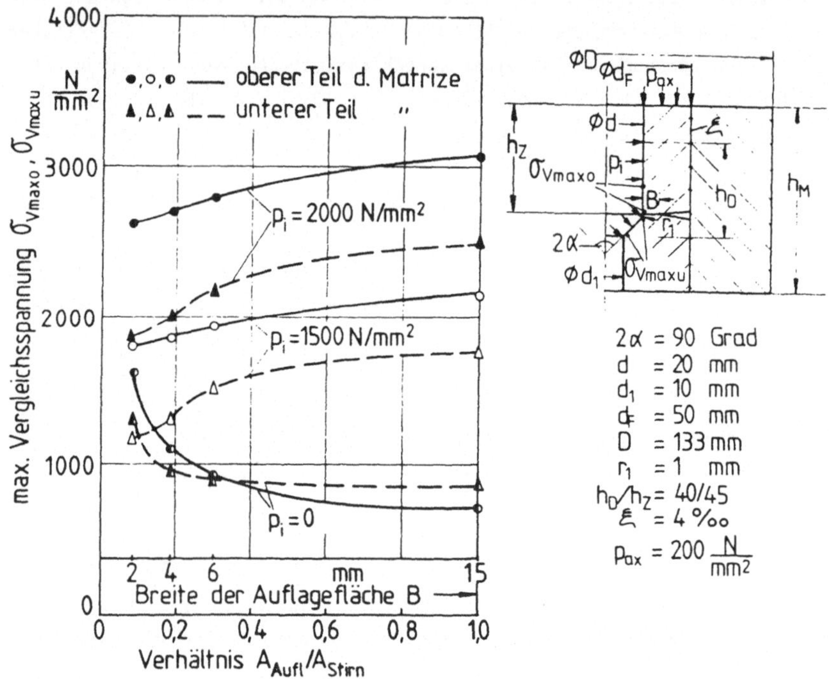

Bild 14: Einfluß der Breite der Auflagefläche auf den Beanspruchungszustand einer geteilten Matrize

Die Druckvorspannung an der Auflagefläche wird durch die Innendruckbelastung stark verkleinert. Eine kleine Auflagefläche - bzw. eine hohe Druckvorspannung - hat bei Betriebsbelastung (im Gegensatz zum Fall $p_i = 0$) Vorteile, weil das Aufklaffen zwischen den zwei Teilen der Matrize erschwert wird und eine hohe verbleibende Druckspannung an der Auflagefläche die maximale Tangentialspannung an dieser Stelle verkleinert.

Die Vergleichsspannungen nehmen somit bei Innendruckbelastung mit kleiner werdender Kontaktfläche ab.

Die Verläufe der maximalen Vergleichsspannungen von beiden Teilen der Matrize zeigen bei B = 4 mm eine kleine Änderung, die auf den Ort des Spannungsmaximums zurückzuführen ist. Dieser Ort verschiebt sich bei B < 4 mm - aufgrund der großen axialen Druckspannung an der Auflagefläche - vom Innenrand der Auflagefläche zu einer mittleren Lage im zylindrischen Teil des Druckraumes (für den oberen Teil) oder vom Schultereinlaufradius zu einer unteren Lage im Schulterbereich (für den unteren Teil).

Bei der Untersuchung der Einflüsse der verschiedenen Auslegungsparameter auf den Beanspruchungszustand in der geteilten Matrize wurde der Wert B = 4 mm wegen der nicht zu großen Beanspruchung im betriebsfreien Zustand ($p_i = 0$) gewählt. Das entspricht einem Verhältnis Auflagefläche/Matrizenstirnfläche von 0,183.

Bild 15 stellt die Verläufe der maximalen Vergleichsspannungen im Außenring und in der geteilten Matrize mit B = 4 mm in Abhängigkeit von der axialen Vorspannung p_{ax} dar. Die Kurven zeigen qualitativ ähnliche Verläufe wie im Fall B = 15 mm (vgl. Bild 13). Quantitativ sind die maximalen Vergleichsspannungen im Fall B = 4 mm etwas geringer.

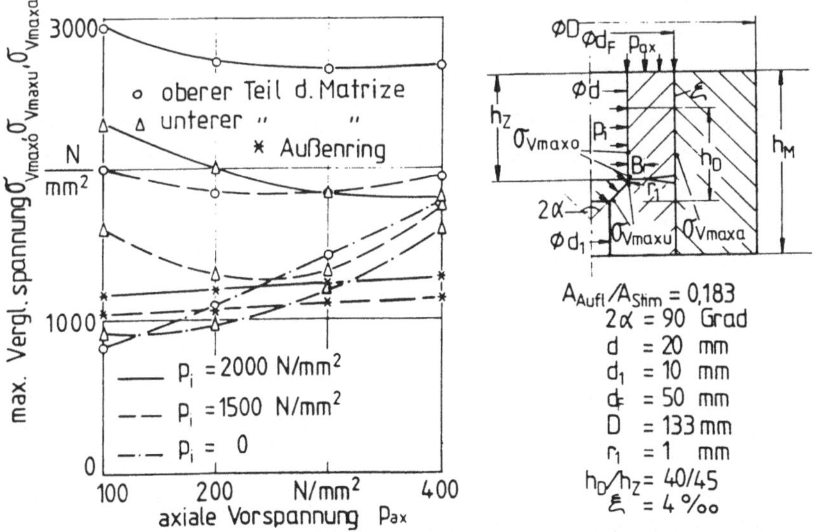

Bild 15: Einfluß der axialen Vorspannung p_{ax} auf den Beanspruchungszustand im Außenring und in der geteilten Matrize mit dem Verhältnis A_{Aufl}/A_{Stirn} = 0,183.

4.3 Einfluß des Innendrucks p_i

In Bild 16 ist die Abhängigkeit der maximalen Vergleichsspannung vom Innendruck p_i in der geteilten Matrize bei der axialen Vorspannung p_{ax} = 200 N/mm^2 dargestellt.

Die Kurven der Vergleichsspannungen zeigen mit zunehmendem Druck p_i infolge des Abbaus der tangentialen Druckvorspannung - die durch das relative Haftmaß ξ hervorgerufen wird - zuerst eine leichte Abnahme, dann eine nahezu lineare Zunahme. Im Vergleich zum unteren Teil wird der obere Teil der Matrize mehr vom Innendruck p_i beeinflußt. Die Abhängigkeit der maximalen Vergleichsspannung vom Innendruck p_i ist bei unterschiedlichen Schulteröffnungswinkeln ähnlich.

4.4 Einfluß des Schulteröffnungswinkels 2α

Der Einfluß des Schulteröffnungswinkels 2α ist ebenfalls in Bild 16 verdeutlicht. Untersucht wurden die in der Praxis gebräuchlichen Schulteröffnungswinkel 2α = 60°, 90° und 120°.

Der Verlauf der maximalen Vergleichsspannung im oberen Teil der Matrize zeigt einen leichten Anstieg bei wachsendem Schulteröffnungswinkel. Diese Zunahme kann durch den stärkeren Abbau der Druckvorspannung am Innenrand der Auflagefläche erklärt werden.

Im unteren Teil der Matrize ist eine entgegengesetzte Tendenz erkennbar: die maximale Vergleichsspannung nimmt mit größer werdendem Schulteröffnungswinkel leicht ab. Diese Tatsache ist auf die Abnahme der Radialbelastung im Schulterbereich zurückzuführen. Bei der Annahme des hydrostatischen Belastungszustandes wirkt der konstante Druck p_i senkrecht zur Schulteroberfläche. Die Radialkomponente dieses Drucks sowie die Druckraumhöhe im Schulterbereich der Matrize nehmen mit steigendem Schulteröffnungswinkel ab und rufen eine kleinere Tangentialspannung hervor. Die Axialkomponente des Innendrucks p_i nimmt zwar mit steigendem Schulteröffnungswinkel zu, bringt wegen der Querteilung und der aufgebrachten axialen Druckvorspannung keine großen Axialspannungen und Schubspannungen wie im Fall der ungeteilten Matrize mit sich. Die Abnahme der Radialbelastung bei steigendem Schulteröffnungswinkel hat einen größeren Einfluß als die Zunahme der Axialbelastung und bewirkt insgesamt eine Verkleinerung der Vergleichsspannung im unteren Teil der Matrize.

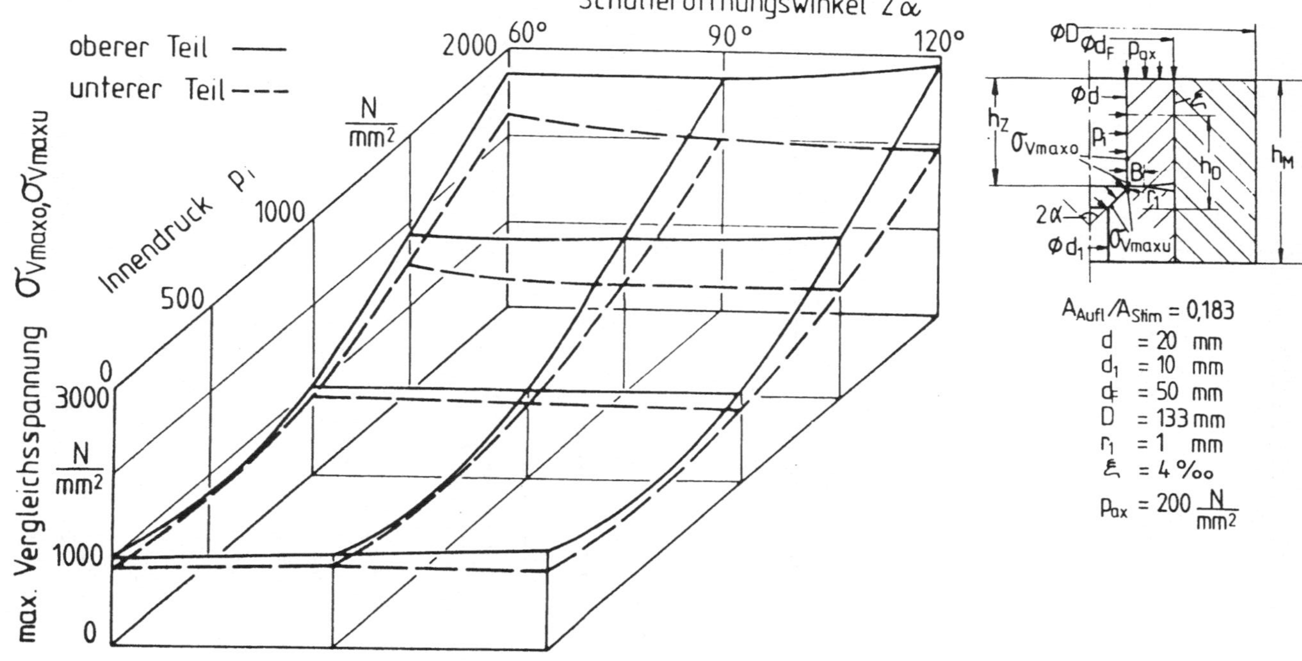

Bild 16: Einfluß des Innendrucks p_i und des Schulteröffnungswinkels 2α auf den Beanspruchungszustand der geteilten Matrize

4.5   <u>Einfluß des relativen Haftmaßes ξ</u>

Bild 17 zeigt die Abhängigkeit der maximalen Vergleichsspannungen im untersuchten Matrizenverband vom relativen Haftmaß ξ bei verschiedenen Schulteröffnungswinkeln und Innendrücken.

Eine Erhöhung des relativen Haftmaßes - d.h. eine Erhöhung der radialen Druckvorspannung für die Matrize und den Außenring - bewirkt unter Betriebsbelastung p_i eine lineare Entlastung des oberen Teils der Matrize und eine lineare Belastungszunahme des Außenrings.

Die Veränderung der Vergleichsspannung im unteren Teil hängt deutlich vom Schulteröffnungswinkel 2α ab und ist umso größer, je kleiner der Winkel 2α ist. Dies ist plausibel, da der Ort des Spannungsmaximums für $2\alpha = 120^\circ$ am Einlaufradius und für $2\alpha = 60^\circ$ im Schulterbereich liegt. Dieser Bereich ähnelt der Geometrie des oberen, zylindrischen Teils der Matrize. Die nicht lineare Veränderung bei der Kurve $2\alpha = 90^\circ$ kann durch das Wandern des Ortes des Spannungsmaximums vom

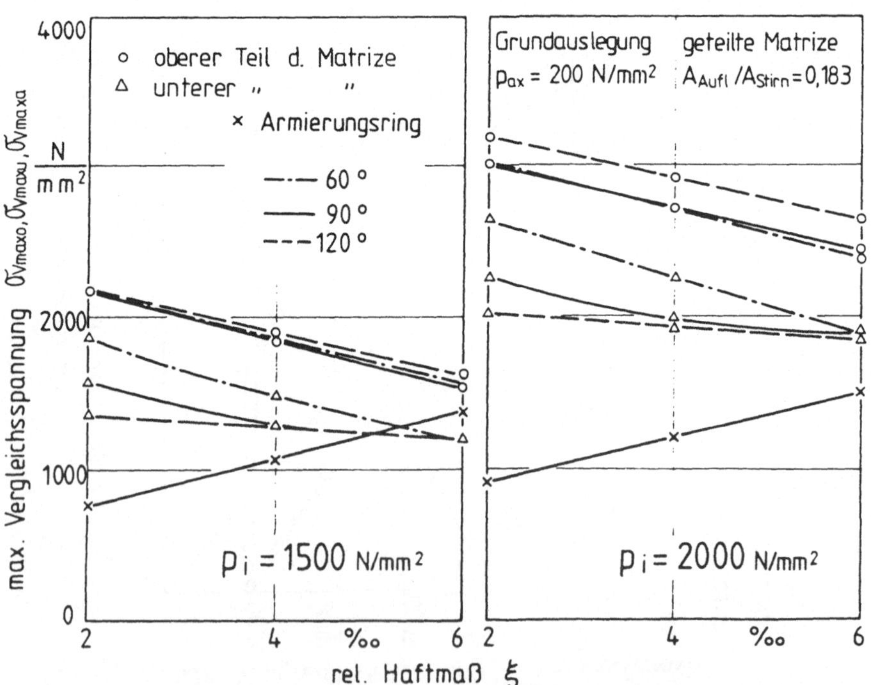

Bild 17: Einfluß des relativen Haftmaßes ξ auf den Beanspruchungszustand des untersuchten Matrizenverbandes

Einlaufradius (ξ = 4 und 6 %) zum Schulterbereich (ξ = 2%) erklärt werden.

Die Verläufe der Kurven bei Innendrücken p_i = 1500 N/mm^2 und 2000 N/mm^2 sind nahezu parallel, d.h. die absolute Änderung der maximalen Vergleichsspannung mit dem Haftmaß ist unabhängig vom Innendruck.

4.6   <u>Einfluß der relativen Druckraumhöhe h_D/h_Z</u>

Bild 18 stellt die Abhängigkeit der maximalen Vergleichsspannungen im untersuchten Matrizenverband von der relativen Druckraumhöhe h_D/h_Z dar. Zur Darstellung wird das Verhältnis h_D/h_Z gewählt, um den Einfluß der Höhe h_Z des oberen Teils der Matrize zu berücksichtigen.

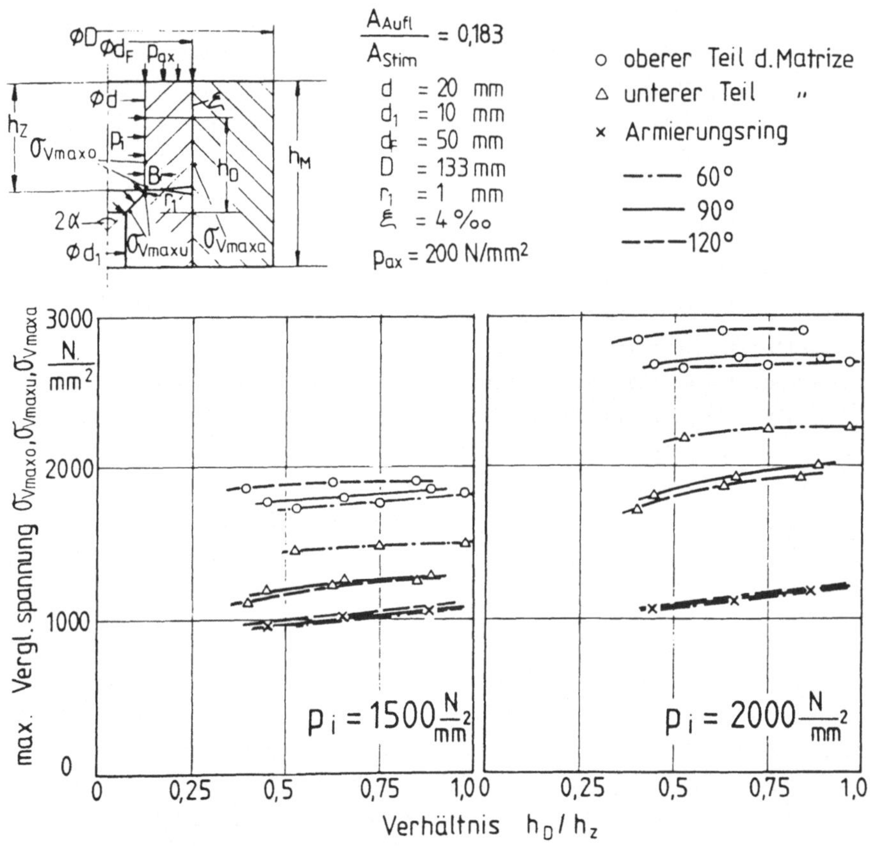

Bild 18: Einfluß der relativen Druckraumhöhe h_D/h_Z auf den Beanspruchungszustand des untersuchten Matrizenverbandes

Es ist aus Bild 18 ersichtlich, daß die relative Druckraumhöhe nur einen geringen Einfluß auf die maximale Vergleichsspannung am Innenrand der Auflagefläche im oberen Teil der Matrize hat. Durch die Verkleinerung der Druckraumhöhe wird die maximale Vergleichsspannung an dieser Stelle nur geringfügig vermindert.

Die Änderung der maximalen Vergleichsspannung im Radiusbereich des unteren Teils der Matrize und im Außenring hat die gleiche Größenordnung. Sie ist etwas größer als die Änderung im oberen Teil.

Die Gegenüberstellung zwischen den Kurven für den Innendruck p_i = 1500 N/mm^2 und 2000 N/mm^2 läßt erkennen, daß der Einfluß der relativen Druckraumhöhe auf die maximale Vergleichsspannung unabhängig vom Innendruck p_i ist.

Der Einfluß vom Schulteröffnungswinkel auf die maximale Vergleichsspannung ist nur im unteren Teil der Matrize zu sehen. Die Änderung der maximalen Vergleichsspannung mit der relativen Druckraumhöhe ist bei 2α = 90° und 120° größer als bei 2α = 60°.

4.7 Einfluß des Verhältnisses Rohteildurchmesser/Schaftdurchmesser d/d_1

Der Umformgrad φ ergibt sich beim Voll-Vorwärts-Fließpressen aus dem Doppelten des logarithmischen Verhältnisses Rohteildurchmesser/Schaftdurchmesser d/d_1. Bei der Untersuchung des Einflusses des Verhältnisses d/d_1 wird der Wert von d/d_1 zwischen 1 und 2 (2 ist der Wert der Grundauslegung) variiert. Das Verhältnis d/d_1 = 2 entspricht einem Umformgrad von 1,39. Eine Vergrößerung des Schaftdurchmessers d_1 - bzw. eine Verkleinerung des Umformgrads - bedeutet bei konstantem Schulteröffnungswinkel eine Verkürzung der Fließpreßschulter und eine Verringerung der Gesamtbelastung der Matrize.

Aus Bild 19 geht der Einfluß des Verhältnisses Rohteildurchmesser/Schaftdurchmesser auf den Beanspruchungszustand des Matrizenverbandes hervor. Er ist besonders im unteren Teil der Matrize ersichtlich, da die Belastung in diesem Teil am stärksten verändert wird. Die Kurve der Vergleichsspannung im unteren Teil der Matrize verläuft bei kleiner werdendem Verhältnis d/d_1 zuerst flach, dann steil und nähert sich dem Wert der Matrize ohne Absatz. Der Verlauf hat bei unterschiedlichen Innendrücken und Schulteröffnungswinkeln eine ähnliche Form.

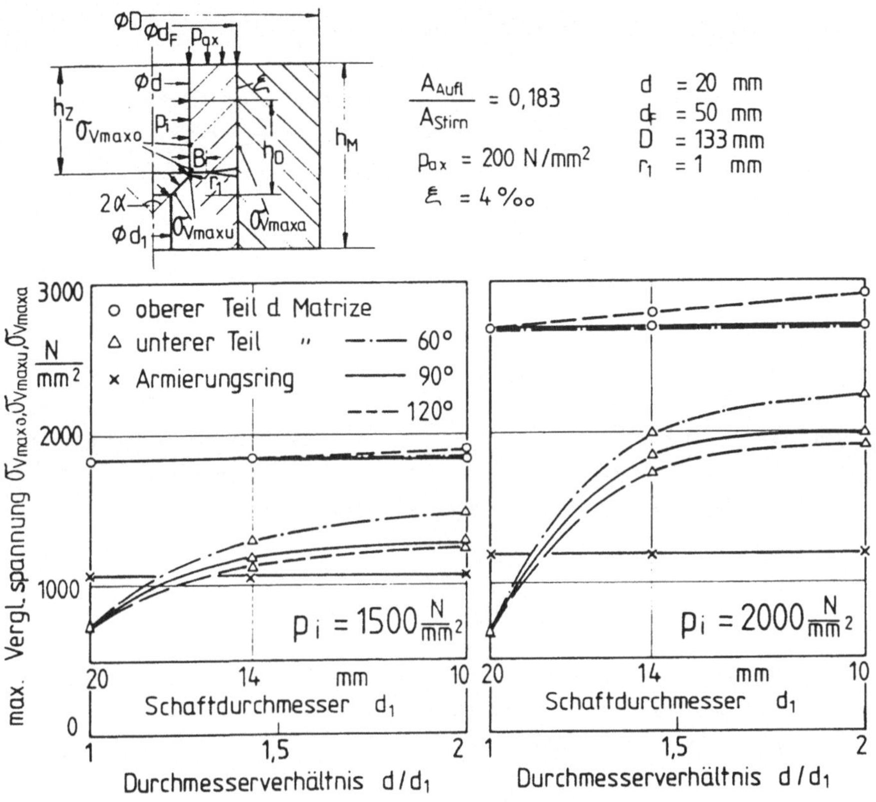

Bild 19: Einfluß des Verhältnisses Rohteildurchmesser/Schaftdurchmesser d/d_1 auf den Beanspruchungszustand des untersuchten Fließpreßverbandes

Die Spannungen im Außenring und im oberen Teil der Matrize bleiben bei kleiner werdendem Durchmesserverhältnis d/d_1 praktisch unverändert. Nur für den Schulteröffnungswinkel $2\alpha = 120°$ ist die Änderung der maximalen Vergleichsspannung im oberen Teil der Matrize erkennbar. In der Grundauslegung ($d/d_1 = 2$) wurde dieser Teil beim Schulteröffnungswinkel $2\alpha = 120°$ stärker als der bei $2\alpha = 60°$ und $90°$ beansprucht (s. Bild 16).

4.8 Einfluß des Gesamtdurchmesserverhältnisses Q = d/D

Eine Verkleinerung des Außendurchmessers D bzw. eine Vergrößerung des Gesamtdurchmesserverhältnisses Q = d/D ist mit einer erheblichen Zunahme der Spannung im Außenring und in der Matrize verbunden (Bild 20a).

Die Zunahme der Spannung im Außenring ist auf seine geringer werdende Steifigkeit zurückzuführen. Sie ist unabhängig vom Innendruck und Schulteröffnungswinkel.

Die Vergrößerung der Spannung in der Matrize ist durch das Zusammenwirken von zwei Effekten zu erklären: die niedrigere radiale Vorspannung und die geringere Stützwirkung des Außenteiles. Der Spannungszuwachs ist im oberen Teil größer als im unteren Teil; er ist sowohl vom Innendruck als auch vom Schulteröffnungswinkel abhängig.

4.9 Einfluß des Matrizendurchmesserverhältnisses $Q_1 = d/d_F$

Aus Bild 20b ist ersichtlich, daß eine Verkleinerung des Fugendurchmessers eine geringfügige Erhöhung der maximalen Vergleichsspannung in der Matrize und im Außenring mit sich bringt.

Die Zunahme der maximalen Vergleichsspannung in der Matrize ist auf ihre kleine Abmessung und auf die geringe Abnahme der radialen Druckvorspannung zurückzuführen.

Die Vergrößerung der maximalen Vergleichsspannung im Außenring kann, trotz seiner größeren Steifigkeit und der kleineren radialen Vorspannung, durch die größer werdende radiale Beanspruchung an der Fuge aufgrund der geringeren Wanddicke der Matrize erklärt werden.

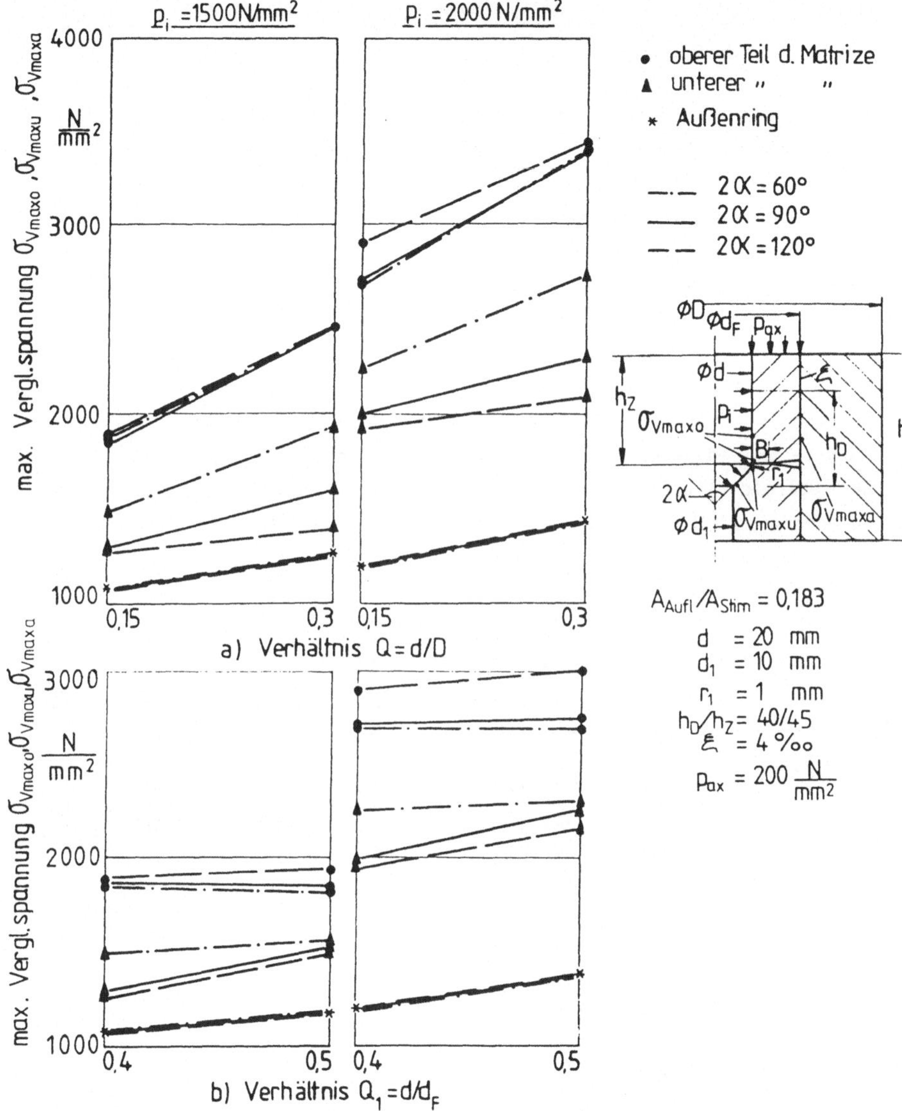

Bild 20: Einfluß des Gesamtdurchmesserverhältnisses $Q = d/D$ und des Matrizendurchmesserverhältnisses $Q_1 = d/d_F$ auf den Beanspruchungszustand des untersuchten Matrizenverbandes

4.10   Einfluß des Verhältnisses Schultereinlaufradius/Rohteildurch-
        messer r_1/d

Der Einfluß des Verhältnisses Schultereinlaufradius/Rohteildurchmesser
(r_1/d) auf den Beanspruchungszustand der Matrize wird in Bild 21 wieder-
gegeben. Bei der Darstellung des Einflusses des Einlaufradius wird das
Verhältnis Einlaufradius/Rohteildurchmesser r_1/d und nicht der absolute
Wert vom Einlaufradius r_1 gewählt. Matrizen mit gleichen Geometrie- und
Belastungsverhältnissen werden gleich beansprucht, obwohl die absoluten
Werte ihrer Einlaufradien unterschiedlich sein können.

Die Änderung des Einlaufradius hat nur einen Einfluß auf den Spannungs-
zustand im unteren Teil der Matrize. Im oberen, zylindrischen Teil der
Matrize und im Außenring hat diese Änderung keine Wirkung (s. Bild 21).
Der Übersichtlichkeit wegen wurde die maximale Vergleichsspannung im
Außenring im Bild nicht dargestellt.

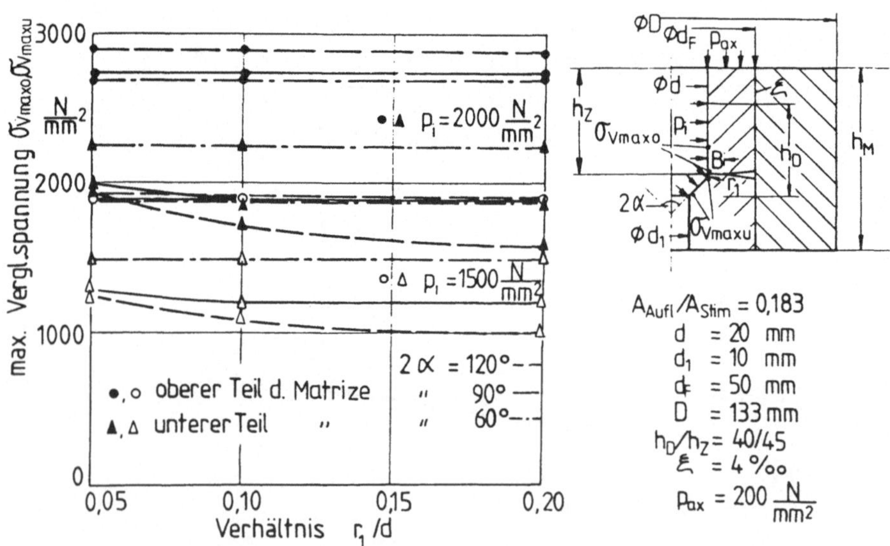

Bild 21: Einfluß des Verhältnisses Schultereinlaufradius/Rohteildurch-
         messer r_1/d auf den Beanspruchungszustand der Matrize

Für den Schulteröffnungswinkel $2\alpha = 60^o$ tritt das Spannungsmaximum des unteren Teils der Matrize nicht am Einlaufradius, sondern im Schulterbereich auf, d.h. der Einlaufradius hat hier keinen Einfluß auf die maximale Vergleichsspannung.

Demgegenüber verschiebt sich das Spannungsmaximum für $2\alpha = 90^o$ und für das Verhältnis $r_1/d = 0,1$ vom Einlaufradius zum Schulterbereich. Bei diesem Schulteröffnungswinkel ist ab $r_1/d = 0,1$ keine Wirkung vom Einlaufradius mehr zu erkennen.

Der Einfluß des Einlaufradius ist beim Öffnungswinkel $2\alpha = 120^o$ am stärksten.Die Spannung nimmt mit wachsendem Verhältnis r_1/d zuerst mehr, dann weniger ab.

        Berechnungsvorschriften für axial vorgespannte, einfach armierte Matrizenverbände

Aus den Ergebnissen im Kapitel 4 können im nun folgenden Kapitel die Berechnungsvorschriften für axial vorgespannte, einfach armierte Matrizenverbände vorgeschlagen werden. Die hier dargestellten Berechnungsvorschriften gelten nur für Matrizenverbände mit quer geteilten Matrizen. Matrizenverbände mit ungeteilten Matrizen werden hierbei nicht berücksichtigt,   da die Ergebnisse in Abschnitt 4.1.3 zeigten, daß sie gegenüber Verbänden mit geteilten Matrizen ungünstiger beansprucht werden.

5.1   Überblick

Zur Berechnung von axial vorgespannten, einfach armierten Matrizenverbänden sind Ausgangsspannungswerte und Korrekturbeiwerte notwendig. Der Abschnitt 5.2 enthält Diagramme zur Ermittlung von Ausgangsspannungswerten im oberen Teil, im unteren Teil der Matrize sowie im Außenring einer Grundauslegung von axial vorgespannten Matrizenverbänden. Zur Bestimmung von Korrekturbeiwerten von Verbänden, die von der Grundauslegung abweichende Geometrie- und Belastungsverhältnisse aufweisen, stehen in Abschnitt 5.3 weitere Diagramme zur Verfügung.

Bild 22 zeigt das Flußdiagramm, das die Vorgehensweise der Berechnungsmethode schematisch darstellt. Die Berechnung eines axial vorgespannten, einfach armierten Matrizenverbandes anhand der dargestellten Berechnungsmethode wird genauer, je weniger die Daten des zu konstruierenden Verbandes von den Daten der Grundversion abweichen.

Für die Berechnung des Außenrings wird noch eine zweite Methode vorgestellt. Hier werden das Nomogramm nach Krämer [17] sowie 2 weitere in dieser Arbeit erstellte Ergänzungsdiagramme verwendet.

Zum Beginn der Berechnung muß die Größe der axialen Vorspannung p_{ax} mit Hilfe der Gleichung (49) bestimmt werden. Dabei wird angenommen, daß die Vorspannkraft F_V, die Umformkraft F_U, die Reibkraft F_{Reib} und der Minderungsfaktor Y bekannt sind.

Im folgenden wird das Flußdiagramm im Bild 22 erläutert.

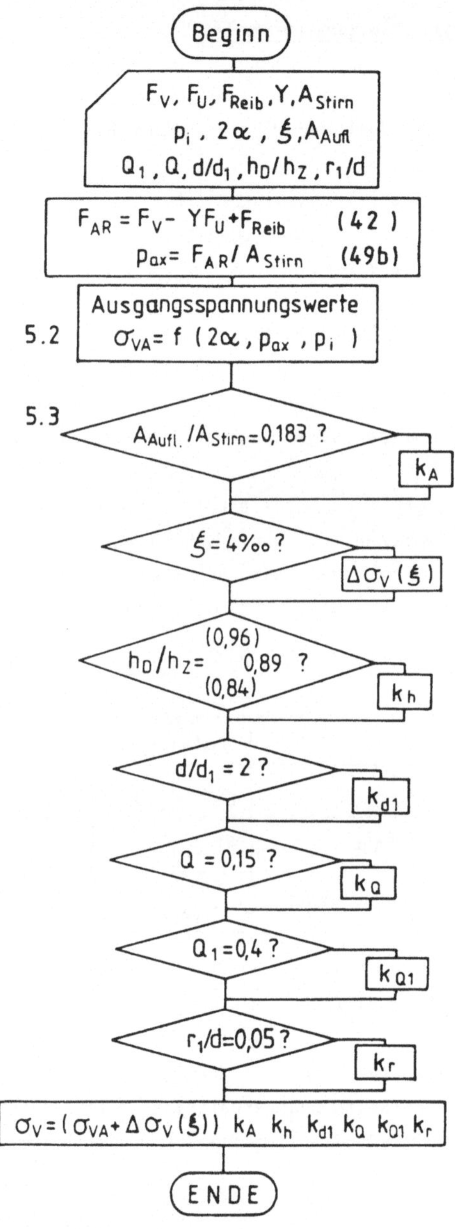

Bild 22: Flußdiagramm für die Berechnung von axial vorgespannten, einfach armierten Matrizenverbänden

5.2   Ausgangsspannungswerte σ_{VA}

Ausgangsspannungswerte sind die maximalen Vergleichsspannungen im oberen und im unteren Teil der Matrize sowie im Außenring der Grundauslegung bei gegebenem

- Schulteröffnungswinkel 2α,
- Innendruck p_i und gegebener
- axialer Vorspannung p_{ax}.

Die Ausgangsspannungswerte werden aus den in Tabelle 2 angegebenen Bildern abgelesen, wobei σ_{VAo} den Ausgangsspannunggwert im oberen Teil der Matrize, σ_{VAu} den Ausgangsspannungswert im unteren Teil der Matrize und σ_{VAa} den Ausgangsspannungswert im Außenring darstellen.

Ausgangsspannungswerte für Schulteröffnungswinkel 2α, die zwischen 60° und 90° bzw. zwischen 90° und 120° liegen, können aus den beiden Ausgangsspannungswerten für die Schulteröffnungswinkeln $2\alpha = 60^o$ und 90° bzw. $2\alpha = 90^o$ und 120° interpoliert werden.

Tabelle 2: Bilder zur Ermittlung der Ausgangsspannungswerte σ_{VA}

Teil	Matrize			Außen-
2α	60°	90°	120°	ring
Bild im Anhang	A1	A2	A3	A4
Ausgangsspannungswerte	$\sigma_{VAo},\ \sigma_{VAu}$			σ_{VAa}

5.3   Korrekturbeiwerte

Die Korrekturbeiwerte sind für solche Konstruktionen zu bestimmen, deren Geometrie- und Belastungsverhältnisse nicht mit denen der Grundversion identisch sind. Maximal werden 7 Korrekturbeiwerte benötigt. Diese sind im einzelnen:

- k_A für das Verhältnis $A_{Aufl}/A_{Stirn} \neq 0.183$,
- $\Delta\sigma_V(\xi)$ für das relative Haftmaß $\xi \neq 4\ \%$.

- k_h für die relative Druckraumhöhe $h_D/h_Z \neq 0.96$ ($2\alpha = 60°$) bzw. $\neq 0.89$ ($2\alpha = 90°$) bzw. $\neq 0.84$ ($2\alpha = 120°$)
- k_{d1} für das Verhältnis Rohteildurchmesser/Schaftdurchmesser $d/d_1 \neq 2$
- k_Q für das Gesamtdurchmesserverhältnis $Q = d/D \neq 0.15$
- k_{Q1} für das Matrizendurchmesserverhältnis $Q_1 = d/d_F \neq 0.4$
- k_r für das Verhältnis Einlaufradius/Rohteildurchmesser $r_1/d \neq 0.05$

Diese Korrekturbeiwerte werden aus den in Tabelle 3 angegebenen Bildern abgelesen. Sie sind für den oberen, den unteren Teil der Matrize und den Außenring - Indizes o, u, a - zu ermitteln.

Nur die Korrekturbeiwerte $\Delta \sigma_V(\varepsilon)$ werden zu den Ausgangsspannungswerten addiert. Die anderen Beiwerte sind mit den Ausgangsspannungswerten zu multiplizieren.

Tabelle 3: Bilder zur Ermittlung der Korrekturbeiwerte

Korrekturbeiwerte	k_A	$\Delta\sigma_V(\varepsilon)$	k_h	k_{d1}	k_Q	k_{Q1}	k_r
Bild im Anhang	A5	A6	A7	A8	A9	A10	A11

Starken Einfluß auf die maximale Beanspruchung im oberen Teil der Matrize (dem Teil mit maximaler Beanspruchung) haben die Korrekturbeiwerte $\Delta \sigma_V(\varepsilon)$ (für $\varepsilon \neq 4\,\%$), k_Q (für $Q \neq 0,15$) und k_A (für $A_{Aufl}/A_{Stirn} \neq 0,183$).

Die Korrekturfaktoren k_{d1} (für $d/d_1 \neq 2$) sind nur wichtig für den unteren Teil der Matrize. Für den Außenring betragen sie 1 und für den oberen Teil der Matrize nahezu 1.

Die Korrekturfaktoren k_r (für $r_1/d \neq 0,05$) sind auch nur wichtig für den unteren Teil der Matrize. Für den oberen Teil und den Außenring haben sie den Wert 1. Für den Winkel $2\alpha = 60°$ ist der Korrekturfaktor im unteren Teil der Matrize ebenfalls 1, da die Stelle des Spannungsmaximums nicht am Einlaufradius liegt.

Es ist im allgemeinen zu erwarten, daß für die Auslegung eines Matrizenverbandes mehrere Korrekturfaktoren erforderlich sind. Das Zusammenwirken dieser Korrekturfaktoren erfolgt im allgemeinsten Fall nach folgendem Schema:

Im oberen Teil der Matrize:

$$\sigma_{Vo} = (\sigma_{VAo} (2\alpha, p_{ax}, p_i) + \Delta\sigma_{Vo} (\xi)) k_{Ao} \, k_{ho} \, k_{d_1 o} \, k_{Qo} \, k_{Q_1 o} \qquad (50)$$

Im unteren Teil der Matrize:

$$\sigma_{Vu} = (\sigma_{VAu} (2\alpha, p_{ax}, p_i) + \Delta\sigma_{Vu} (\xi)) k_{Au} \, k_{hu} \, k_{d_1 u} \, k_{Qu} \, k_{Q_1 u} \, k_{ru} \qquad (51)$$

Im Außenring:

$$\sigma_{Va} = (\sigma_{VAa} (2\alpha, p_{ax}, p_i) + \Delta\sigma_{Va} (\xi)) k_{Aa} \, k_{ha} \, k_{Qa} \, k_{Q_1 a} \qquad (52)$$

Die Genauigkeit der berechneten Vergleichsspannung hängt von der Anzahl der notwendigen Korrekturbeiwerte ab. Der berechnete Wert ist umso genauer, je weniger Korrekturbeiwerte notwendig sind und je geringer sie vom Wert 1 abweichen. Eine nähere Betrachtung dieses Sachverhaltes ist in Abschnitt 5.7 zu finden.

5.4   Zweite Methode für die Auslegung des Außenrings

In der Arbeit von Krämer [17] wurde für die Auslegung des Außenrings eines einfachen, zylindrischen Schrumpfverbands ein Nomogramm erstellt, das die Einflüsse der Parameter Innendruck p_i, relatives Haftmaß ξ, Durchmesserverhältnisse $Q = d/D$ und $Q_1 = d/d_F$ berücksichtigt. Für die Auslegung des Außenrings des axial vorgespannten, einfach armierten Matrizenverbandes ist dieses Nomogramm jedoch um zwei Diagramme zu ergänzen, die die Änderung der maximalen Vergleichsspannung mit der relativen Druckraumhöhe h_D/h_Z und mit der axialen Vorspannung p_{ax} wiedergeben.

Anhang A12 zeigt das Nomogramm nach Krämer mit den zwei Ergänzungsteilbildern 8 und 9. Teilbild 8 beschreibt die Abhängigkeit der maximalen Vergleichsspannung mit dem Verhältnis h_D/h_Z. Dieses Teilbild wurde bereits in Anhang A7 dargestellt.

Teilbild 9 zeigt die Änderung der maximalen Vergleichsspannung mit der axialen Vorspannung. Aus diesem Teilbild ist ersichtlich, daß die Spannungszunahme im Außenring linear mit der axialen Vorspannung ansteigt. Die Steigung der Geraden wächst mit steigendem Verhältnis Q und nimmt demgegenüber mit steigendem Verhältnis Q_1 ab. Der Innendruck p_i sowie das relative Haftmaß ξ haben keinen Einfluß auf diese Verläufe.

Im Feld 7 des Nomogramms nach Krämer sind bei der Ermittlung der maximalen Vergleichsspannung im Außenring der Korrekturfaktor k_h und die Spannungszunahme $\Delta \sigma_{Va}$ (p_{ax}, Q, Q_1) zu berücksichtigen. Es gilt dann für die Berechnung mit der 2. Methode:

$$\sigma_{Va} = (\sigma_{Va} \text{ (Krämers Nomogramm)} + \Delta \sigma_{Va} (p_{ax}, Q, Q_1)) \, k_{ha} \qquad (53)$$

5.5   Rechenbeispiel

Die in den vorstehenden Abschnitten dargestellten Rechenmethoden sollen anhand von einem Rechenbeispiel mit möglichst vielen Korrekturbeiwerten verdeutlicht werden. Als Berechnungsdaten gelten die in Tabelle 4 dargestellten Werte.

Tabelle 4: Berechnungsdaten für Rechenbeispiel

d = 20 mm	γ = 1,386	h_D = 30 mm	h_Z = 45 mm	2α = 90°
D = 66,6 mm	Q = 0,3	h_{Do} = 25 mm	h_D/h_Z = 0,67	B = 2 mm
d_F = 40 mm	Q_1 = 0,5	h_M = 80 mm	r_1 = 1 mm	A_{Aufl}/A_{Stirn} = 0,147
d_1 = 10 mm	d/d_1 = 2	t = 5 mm	r_1/d = 0,05	ξ = 6 ‰
k_{fo} = 400 N/mm^2	p_i = 1500 N/mm^2	F_V = 180 KN	Y = 0,2	μ = 0,07
p_{st} = 1900 N/mm^2	F_U = 597 kN	F_{Reib} = 165 kN	F_{AR} = 226 kN	p_{ax} = 240 N/mm^2

In dieser Tabelle wird angenommen, daß die Vorspannkraft F_V und der Minderungsfaktor Y bekannt sind. Der Stempeldruck p_{St} (und daraus folgt die Umformkraft F_U), die Reibkraft F_{Reib}, die axiale Kraft im Radiusbereich F_{AR} und die axiale Vorspannung p_{ax} wurden mit Hilfe der Gleichungen (45), (43), (42) und (49b) ermittelt.

Für die Berechnung der Beanspruchung des Matrizenverbandes in diesem Beispiel müssen die Ausgangsspannungswerte und die Korrekturbeiwerte k_A, $\Delta\tilde{\sigma}_V(\varepsilon)$, k_h, k_Q, k_{Q1} bestimmt werden. Die Ergebnisse der Berechnung werden in Tabelle 5 dargestellt.

Tabelle 5: Ausgangsspannungswerte, Korrekturbeiwerte und Ergebnisse der Berechnung für das Beispiel

Größe	Bild Nr.	oberer Teil der Matrize	unterer Teil der Matrize	Außenring
$\tilde{\sigma}_{VA}$ in N/mm^2	A2, A4	1833	1240	1070
k_A (A_{Aufl}/A_{Stirn} = 0,147)	A5	0,99	0,97	1
$\Delta\tilde{\sigma}_V$ (ε = 6 ‰) in N/mm^2	A6	– 310	– 140	+ 310
k_h (h_D/h_Z = 0,67)	A7	0,97	0,96	0,95
k_Q (Q = 0,3)	A9	1,33	1,25	1,18
k_{Q_1} (Q_1 = 0,5)	A10	1,01	1.18	1,11
$\tilde{\sigma}_V$ in N/mm^2	—	1965	1510	1715

Die Ergebnisse zeigen, daß der obere Teil der Matrize maximal beansprucht wird und die Beanspruchung des Außenrings noch höher als die im unteren Teil der Matrize ist.

5.6 Vergleich zwischen der 1. und 2. Methode für die Berechnung des Außenrings

Zum Vergleich zwischen der 1. und 2. Methode für die Berechnung des Außenrings wird nun die 2. Methode zur Berechnung des Außenrings angewandt.

Die Vorgehensweise bei der Berechnung mit dem Nomogramm nach Krämer in Anhang A12 wird nochmals beschrieben:

Feld 1: Q_1 = 0,5 und Q ∺ 0,3 ergibt Punkt B.
Feld 2: Punkt B und ε = 6‰ ergibt Punkt D.
Feld 5: Q_1 = 0,5 und Q = 0,3 ergibt Punkt H.
Feld 6: Punkt H und p_i = 1500 N/mm^2 ergibt Punkt G.
Feld 7: Punkt G und Punkt D ergibt Punkt R.

Abgelesener Wert: σ_{Va} (Krämer) $= 1600$ N/mm^2.

Tabelle 6 zeigt die ermittelten Korrekturbeiwerte k_{ha}, $\Delta\sigma_{Va}$ und die Ergebnisse der Berechnung nach der 2. Methode mit Gleichung (53). Zur Gegenüberstellung werden auch die Ergebnisse der 1. Methode in der Tabelle 6 dargestellt.

Tabelle 6: Gegenüberstellung der 1. und der 2. Methode zum Berechnen des Außenrings

Größe	Wert
σ_{Va} (Krämer)	1600 N/mm^2
$\Delta\sigma_{Va}$ $\left(\begin{array}{l} p_{ax} = 240 \text{ N/mm}^2 \\ Q = 0,3 \\ Q_1 = 0,5 \end{array}\right)$	100 N/mm^2
k_{ha} ($h_D/h_Z = 0,67$)	0,95
σ_{Va} (2. Methode)	1615 N/mm^2
σ_{Va} (1. Methode)	1715 N/mm^2
$\dfrac{\sigma_{Va} \text{ (2. Methode)} - \sigma_{Va} \text{ (1. Methode)}}{\sigma_{Va} \text{ (1. Methode)}}$	- 6 %

Die Gegenüberstellung der Ergebnisse der 2. und der 1. Methode zum Berechnen des Außenrings zeigt, daß mit der 2. Methode etwas niedrigere Werte für die Spannungen erhalten werden. Diese Beobachtung kann darauf zurückgeführt werden, daß die 1. Methode auf die Ergebnisse der Untersuchungen mit geteilten Matrizen aufbaut, hingegen die 2. Methode auf die Ergebnisse der Untersuchungen mit ungeteilten Matrizen. Der Unterschied der beiden Spannungswerte beträgt in diesem Beispiel ca. 6 % bezogen auf den nach der 1. Methode berechneten absoluten Wert.

5.7   Überprüfung der Genauigkeit der Korrekturbeiwerte

Zur Überprüfung der Genauigkeit der Korrekturbeiwerte wird eine FEM-Rechnung durchgeführt und die Ergebnisse dieser Rechnung werden denen der bereits vorgeschlagenen Berechnungsmethode gegenübergestellt. Für die FEM-Vergleichsrechnung werden die in Bild 9b dargestellte Idealisierung und die in Tabelle 4 angegebenen Daten des Matrizenverbandes benutzt.

Bei der Berechnung mit der vorgeschlagenen Methode wurden 5 von 7 möglichen
Korrekturbeiwerten ermittelt, die für eine Vergleichsrechnung ausreichend
sind.

Tabelle 7 zeigt die Gegenüberstellung der Ergebnisse der FEM-Rechnung
und der in diesem Kapitel vorgestellten Berechnungsmethoden.

Tabelle 7: Gegenüberstellung der Ergebnisse der FEM und der vorgestellten Berechnungsmethoden

Größe	oberer Teil der Matrize	unterer Teil der Matrize	Außenring	
			1. Methode	2. Methode
σ_V (vorgest. Methode)	$1965\ N/mm^2$	$1510\ N/mm^2$	$1715\ N/mm^2$	$1615\ N/mm^2$
σ_V (FEM)	$1871\ N/mm^2$	$1449\ N/mm^2$	$1652\ N/mm^2$	
$\dfrac{\Delta\sigma_V}{\sigma_V\ (FEM)}$	+ 5 %	+ 4 %	+ 4 %	- 2 %

Die Gegenüberstellung zeigt eine sehr gute Übereinstimmung zwischen den
beiden Ergebnissen sowohl in der Matrize als auch im Außenring. Die
Abweichung für die Spannung im oberen Teil der Matrize beträgt 5 %, im
unteren Teil 4 %. Am Außenring ist eine Abweichung von weniger als 5 %
erreicht, wobei die Berechnung nach der 2. Methode etwas kleinere
Abweichung liefert.

Eine ergänzende Berechnung wurde für den gleichen Matrizenverband noch
mit den Innendruckbelastungen p_i = 1000 N/mm^2 und 2000 N/mm^2 durchgeführt. Die Ergebnisse zeigen Abweichungen von gleicher Größenordnung
wie im Fall p_i = 1500 N/mm^2.

Die Überprüfung hat die Gültigkeit der vorgeschlagenen Berechnungsmethode und die Genauigkeit der Korrekturbeiwerte bestätigt. Bei Berücksichtigung aller Korrekturbeiwerte kann eine maximale Abweichung vom
Wert der FEM-Rechnung in der Größenordnung von weniger als 10 % abgeschätzt werden.

5.8   <u>Konstruktionsbeispiel</u>

Axial vorgespannte Matrizen wurden bereits in der Praxis verwendet.
Bild 23 zeigt als Beispiel eine Konstruktion von der Firma Karl Sieber,Hamburg [66] . Die Matrize ist geteilt und einfach armiert. Zweifach armierte Matrizen haben auch ähnliche Konstruktionen. Nach [66]
beträgt die Breite B der Auflagefläche zwischen 0,5 und 2 mm und der
Freiwinkel zwischen beiden Teilen der Matrize ca. 30′ wahlweise   am
oberen oder unteren Teil. Die Bohrung in Höhe der Teilungsebene ist die
Entlüftungsbohrung.

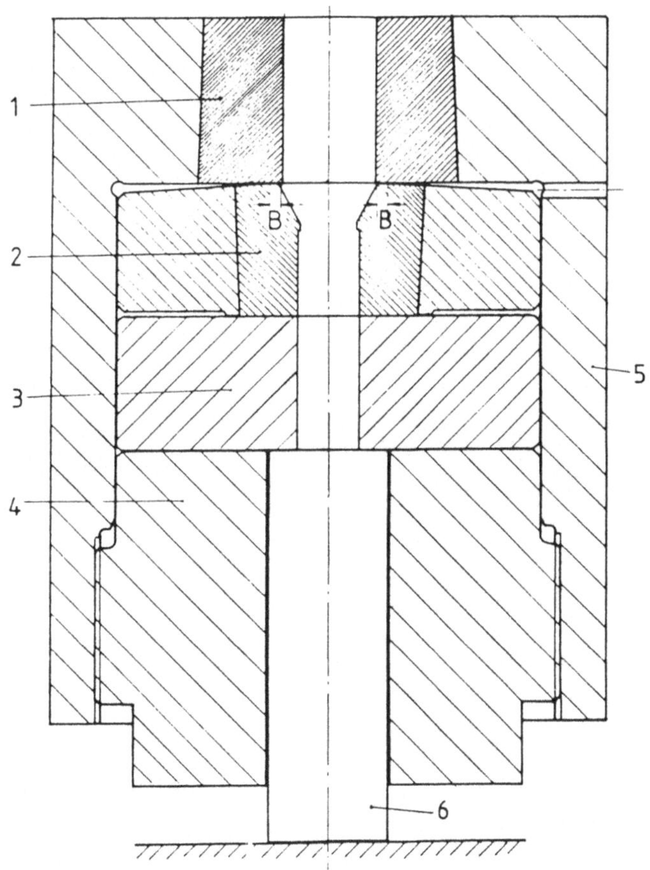

Bild 23: Konstruktion eines axial vorgespannten einfach armierten Fließpreßverbandes (Karl Sieber)

Das Aufbringen der axialen Vorspannung erfolgt durch das Drücken des Stempels (6) auf die Druckplatte (3) bei gleichzeitigem Anziehen der Mutter (4). Mit dieser Konstruktion kann eine axiale Vorspannung von 800 N/mm^2 an der Auflagefläche erreicht werden. Ein Wert höher als 800 N/mm^2 wird von der Firma Sieber nicht angewandt.

Die Konstruktion im Bild 23 hat einen guten, hohen Vorspannfaktor X und einen ziemlich großen Minderungsfaktor Y der Vorspannungsabnahme. Um den Faktor Y zu verkleinern, soll Teil 2,3,4 möglichst kurz - d.h. die Steifigkeit der Teile 2,3,4 möglichst groß - und Teil 1 möglichst lang - d.h. die Federsteifigkeit des Teils 1 möglichst klein - bemessen werden.

6   <u>Untersuchungsplan, Belastungsannahmen und Rechenmodelle für</u> <u>Stempel mit kreisrunden Nebenformelementen/mit nicht kreis-</u> <u>förmigen Schaftquerschnitten</u>

6.1   <u>Untersuchungsplan</u>

Zur Untersuchung des Spannungszustandes in Fließpreßstempeln wurden die Stempelformen und die Parametervariationen in Tabelle 8 gewählt. Die Berechnung von Stempeln mit üblichen Kopfgeometrien zum Napf-Rückwärts-Fließpressen hatte den Zweck, eine Vergleichsbasis zu schaffen für Stempel mit Geometrien, die von der Normalform abweichen. Bei der Untersuchung von Stempeln mit üblichen Kopfgeometrien wurden die drei gebräuchlichen Kopfformen - flach, kegelig, flach-kegelig - berechnet. Die flach-kegelige Kopfform ist die Form, die von der VDI-Richtlinie 3186 [31] empfohlen wird.

Als runde Nebenformelemente wurden Bohrungen und Zapfen untersucht. Sie können mittig oder außermittig liegen. Die Parameter, die einen großen Einfluß auf die Beanspruchung von Stempeln mit runden Nebenformelementen haben, sind der Durchmesser, die Länge der Nebenformelemente und der Radius des Übergangsbereiches. Bei außermittigen Nebenformelementen kommen noch die Außermittigkeit und die Anzahl von Nebenformelementen als Parameter hinzu. Da in der vorliegenden Arbeit nur der Stempelkopf untersucht wurde, wurde der Einfluß der Stempellänge nicht berücksichtigt.

Bei Stempeln mit nicht kreisförmigen Schaftquerschnitten wurden vier Querschnittsformen untersucht: Dreieck, Viereck, Sechseck und Zwölfeck. Als Parameter wurden die wichtigen Einflußgrößen wie die Kopfform, die Kantenlänge und der Radius des Übergangsbereiches betrachtet.

Nach der Untersuchung des Einflusses verschiedener Parameter auf den Spannungszustand von Fließpreßstempeln wurden Optimierungsuntersuchungen zum Abbau der Spannungsspitze durchgeführt.

6.2   <u>Belastungsannahmen</u>

Die Belastungsannahmen haben einen sehr wichtigen Einfluß auf die Untersuchungsergebnisse. Sie müssen deswegen realitätsnah gewählt werden.

Tabelle 8: Untersuchungsplan für Stempel mit Geometrien, die von der Normalform abweichen

Stempelform		Bezeichnung	Konstante Größen	Parameterwerte
Stempel mit üblichen Kopfgeometrien			$D = 30$ mm	Kopfform: flach, kegelig, flach und kegelig
Stempel mit mittigen runden Nebenformelementen	Zapfen als NE		$D = 30$ mm	$d = 5, 10, 15$ mm $l = 0,5\ d, d$ $R = 0,5, 1, 2$ mm
	Bohrung als NE		$D = 30$ mm	$d = 5, 10, 15$ mm $l = 15, 30, 45$ mm $R = 0,1\ d, 0,2\ d, 0,5\ d$
Stempel mit außermittigen runden Nebenformelementen	Zapfen als NE		$D = 30$ mm $l = 5$ mm $d = 5$ mm	$R = 1, 2, 5$ mm $e = 4, 8$ mm Bei $e = 8$ mm: 1, 2 und 4 Zapfen
	Bohrung als NE		$D = 30$ mm $l = 15$ mm $R = 0,5\ d$	$d = 5, 10$ mm $e = 4, 8$ mm Bei $e = 8$ mm: 1, 2 und 4 Bohrungen
Stempel mit nicht kreisförmigen Schaftquerschnitten	Dreieckiger SQ		$D = 30$ mm $l = 30$ mm	$A = 15, 20, 24$ mm $R = 10, 25, 50$ mm
	Viereckiger SQ		$D = 30$ mm $l = 30$ mm	Kopfform: flach, kegelig, flach und kegelig $A = 12, 16, 20$ mm $R = 10, 25, 50$ mm
	Sechseckiger SQ		$D = 30$ mm $l = 30$ mm	Kopfform: flach, kegelig, flach und kegelig $A = 7,4, 10, 12,4, 14, 14,8$ mm $R = 10, 25, 50$ mm
	Zwölfeckiger SQ		$D = 30$ mm $l = 30$ mm	$A = 4,8, 6, 7,1$ mm $R = 10, 25, 50$ mm

NE: Nebenformelement   SQ: Schaftquerschnitt

Über die Belastungsverteilung an Fließpreßstempeln sind aus der Literatur einige Hinweise bekannt. Mori hat bei seiner Untersuchung an einem Napf-Rückwärts-Fließpreßvorgang mit der Finite-Element-Methode [67] gezeigt, daß die Belastung an der Stempelstirnfläche stark vom Stempelweg abhängig ist, vgl. Bild 24. Bis zum Stempelweg Δh gleich halbe Rohteilhöhe ($\Delta h/h_o$ = 50 %) wird der äußere Teil der Stempelstirn viel stärker belastet als der innere Teil. Bei $\Delta h/h_o$ = 75 % nimmt die Belastung in der Stirnmitte stark zu, so daß insgesamt eine gleichmäßige Belastungsverteilung auf die Stempelstirnfläche angenommen werden kann.

Dung [68] hat bei der Simulation eines Napf-Rückwärts-Fließpreßvorgangs, die auch mit der Finite-Element-Methode durchgeführt wurde, die Stempelbelastung für einen Stempelweg von bis zu 49 % der Rohteilhöhe berechnet und ähnliche Ergebnisse wie Mori bekommen. Die Druckbelastung am Stempelfließbund hat nach seiner Berechnung einen dreieckförmigen Verlauf, der einen Maximalwert an der Stirnfläche hat und am Ende des Fließbundes Null erreicht.

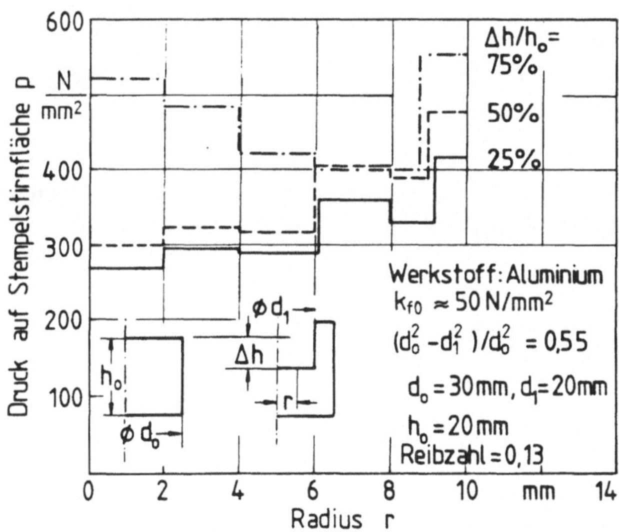

Bild 24: Belastung der Stirnfläche eines Napf-Rückwärts-Fließpreßstempels in Abhängigkeit vom Stempelweg nach einer FEM-Berechnung von Mori [67]

Aufgrund dieser Ergebnisse werden in der vorliegenden Arbeit die Belastungsannahmen getroffen, die in Bild 25 dargestellt sind. Die Belastungsannahmen basieren auf einem mittleren Wert der Druckbelastung p_m. Auf die absolute Größe der mittleren Druckbelastung p_m wird in Abschnitt 8.2 eingegangen.

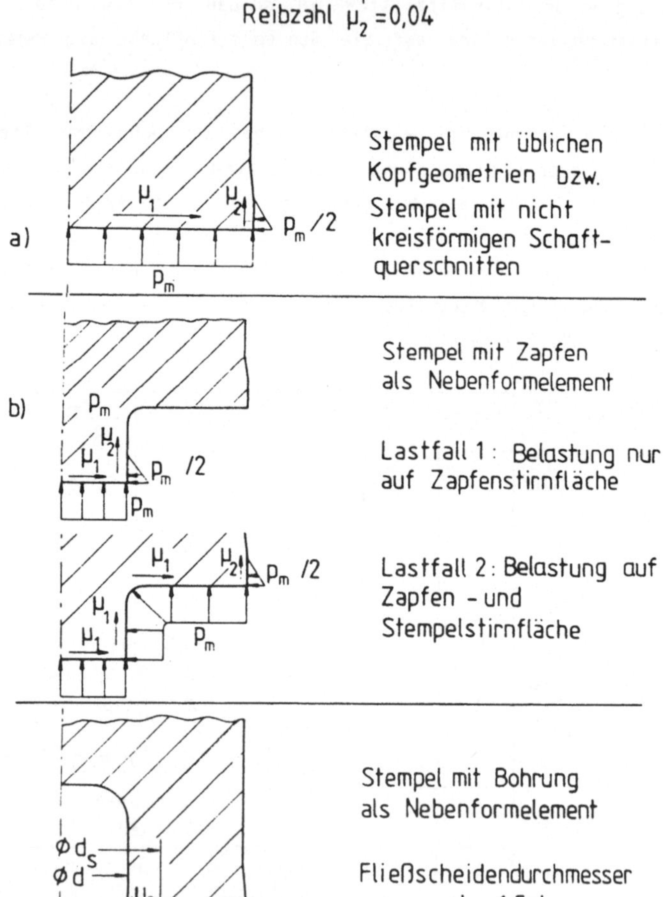

Bild 25: Belastungsannahmen für die Berechnungen von Fließpreßstempeln

- <u>Stempel mit üblichen Kopfgeometrien bzw. Stempel mit nicht kreisförmigen Schaftquerschnitten (Bild 25a)</u>

Die Stirnfläche der Stempel wird mit einer konstanten Druckspannung p_m und einer Schubspannung $\tau_1 = \mu_1 p_m$ belastet. Am Fließbund wirken eine dreieckförmige (nach oben abfallende) Druckspannung - der Maximalwert beträgt $p_m/2$ - und eine Schubspannung $\tau_2 = \mu_2 p$. Da die Werkstoffbewegung auf der Stirnfläche sehr langsam [35] und am Fließbund schnell ist, wurde μ_1 so gewählt, daß es etwa einem oberen Wert für Mischreibung (0,12) und μ_2 etwa einem unteren Wert für Mischreibung (0,04, [69]) entspricht.

- <u>Stempel mit Zapfen als Nebenformelement (Bild 25b)</u>

Stempel mit Zapfen als Nebenformelement werden mit 2 Belastungsannahmen gerechnet.

Im Belastungsfall 1 wirkt der konstante Druck p_m nur auf die Zapfenstirnfläche. Am Rand des Zapfens wird eine dreieckförmige Belastung mit maximalem Wert $p_m/2$ angenommen. Die Reibzahlen μ_1 und μ_2 werden gleich wie im Fall der Stempel mit üblichen Kopfgeometrien gesetzt. Dieser Belastungsfall tritt zu Beginn des Umformvorgangs auf.

Im Belastungsfall 2 wirkt der konstante Druck p_m sowohl auf die Zapfen- als auch auf die Stempelstirnfläche. Am Fließbund wird wieder eine dreieckförmige Belastung mit maximalem Wert $p_m/2$ angenommen. Die Reibzahl wird aus demselben Grund wie im Fall der Stempel mit üblichen Kopfgeometrien für die gesamte Fläche von der Zapfenstirnmitte bis zum Fließbundbeginn auf μ_1 gesetzt. Am Fließbund selber hat die Reibzahl den Wert μ_2. Der Belastungsfall 2 tritt auf, sobald sich der Napf ausbildet.

- <u>Stempel mit Bohrung als Nebenformelement (Bild 25c)</u>

Ähnlich wie in den o.g. Fällen wird beim Stempel mit Bohrung als Nebenformelement auch eine gleichmäßige Druckbelastung p_m auf der Stirnfläche angenommen. Die dreieckförmige Belastung mit maximalem Wert $p_m/2$ tritt sowohl am äußeren als auch am inneren Fließbund auf. Der Fließscheidendurchmesser - durch ihn wird der Ort bestimmt, an dem die Reibung auf der Stirnfläche ihre Richtung ändert - wird in

Anlehnung an die Untersuchung von Burgdorf [70] unter Berücksichtigung der unterschiedlichen geometrischen Verhältnisse als 1,5 x Bohrungsdurchmesser abgeschätzt. Die Reibzahl auf der Stirnfläche wird wieder zu μ_1 = 0,12 und am Fließbund zu μ_2 = 0,04 angenommen.

- Stempel mit außermittigen Zapfen oder außermittiger Bohrung

Bild 26a zeigt die vereinfachte Werkzeugkonstruktion bei einem Stempel mit einem außermittigen Zapfen. Aufgrund der Außermittigkeit e wird ein Kippmoment mit der Größe F_N e verursacht, das durch das Gegenmoment der Querkräfte F_{Q1}, F_{Q2}, F_{Q3} und F_{QG} kompensiert wird. Die Größe der Querkraft F_{Q3}, die am Zapfen wirkt und die die Beanspruchung des Stempels erhöht, hängt von der Güte der Werkzeugführungen sowie von der Geometrie des Werkzeuges ab. Zum Zwecke der Allgemeingültigkeit der Berechnungen wird am Zapfen eine Querkraft $F_Q = F_{Q3} = X \, F_N \, e/h$ angesetzt (Bild 26b), wobei X ($\leqslant$ 1) den Faktor für die Aufnahme des Biegemoments darstellt. Dieser Faktor X ist für eine vorliegende Werkzeugskonstruktion zu ermitteln.

Weiter wird angenommen, daß nur ein konstanter Druck auf die Zapfenstirnfläche wirkt. Die Randbelastungen und die Reibung werden bei der Berechnung nicht berücksichtigt. Sie haben - wie im Abschnitt 7.2.2. gezeigt wird - zwar einen Einfluß auf die maximale Vergleichsspannung auf der Stirnfläche, jedoch keinen auf die maximale Vergleichsspannung im Radiusbereich.

Bei einem Stempel mit außermittiger Bohrung (Bild 26c) entsteht aufgrund der Außermittigkeit e eine Verschiebung e_s des Kraftangriffpunktes, die ein Kippmoment erzeugt. Ein Teil dieses Kippmoments wird wieder durch das Gegenmoment, resultierend aus der Querkraft $F_Q = X \, F_N \, e_s/h$, kompensiert, wobei X den Faktor für die Aufnahme des Biegemoments darstellt und somit unmittelbar von der Werkzeugkonstruktion abhängig ist. Die Querkraft F_Q wirkt am Fließbund senkrecht zur Symmetrieachse. Ähnlich wie im Fall Stempel mit außermittigem Zapfen wird bei der Berechnung eines Stempels mit außermittiger Bohrung die Reibung nicht berücksichtigt.

6.3   <u>Überprüfung der Belastungsannahmen an Stempeln mit mittiger Bohrung</u>

Die Belastungsannahmen für Stempel mit üblichen Kopfgeometrien - bzw. mit nicht kreisförmigen Schaftquerschnitten - und Stempel mit runden

Zapfen konnten durch die erwähnten Arbeiten von Mori und Dung hinrei-
chend gerechtfertigt werden. Um die Ergebnisse der Berechnungen von
Stempeln mit Bohrung als Nebenformelement abzusichern, wurden die dafür
verwendeten Belastungsannahmen durch die numerische Simulation eines
Napf-Rückwärts-Fließpreßvorgangs mit einem Stempel mit mittiger Bohrung

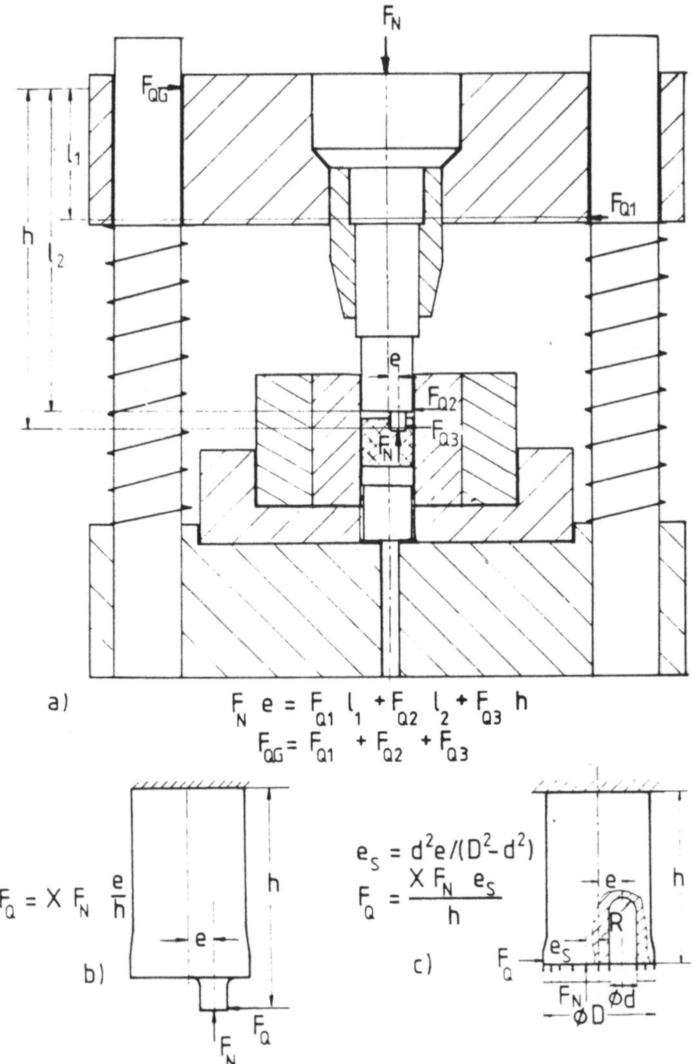

Bild 26: Vereinfachte Werkzeugkonstruktion und Belastungsannahmen für
Stempel mit außermittigem Nebenformelement

überprüft. Zur Durchführung der Berechnung wurde das am Institut für Umformtechnik der Universität Stuttgart entwickelte Programm EPDAN [70] - Akronym für Elastisch-Plastische Deformations—Analyse - angewandt. Dieses Programm dient zur Berechnung von großen Formänderungen und verwendet ein elastisch-plastisches Werkstoffmodell.

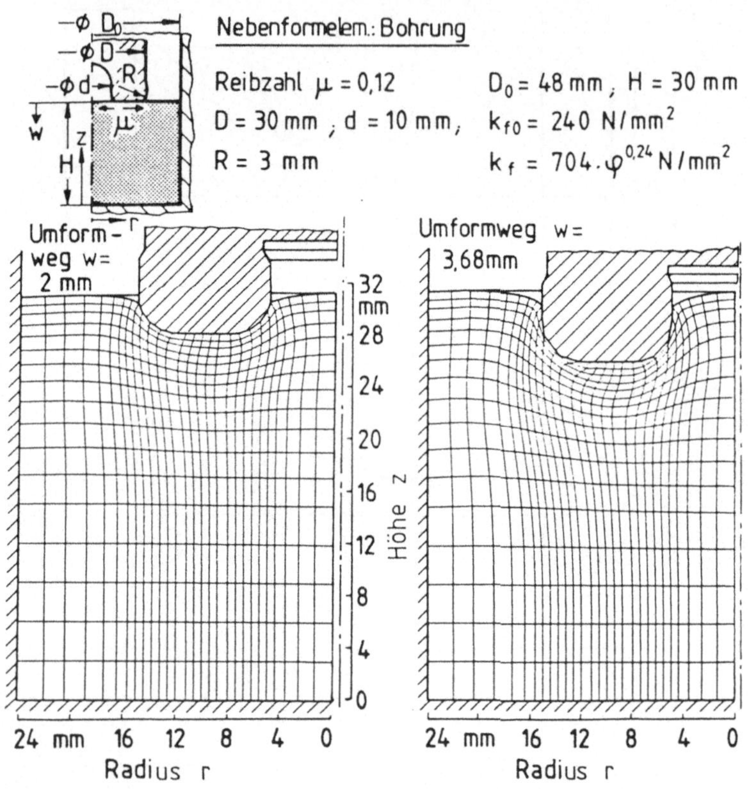

Bild 27: Verzerrte FE-Netze bei Berechnung eines Napf-Rückwärts-Fließ preßvorgangs (Stempel mit mittiger Bohrung).

Bild 27 zeigt die berechneten Daten und das verzerrte Finite-Elemente-Netz bei Stempelwegen von 2,0 mm und 3,68 mm. Die Diskretisierung erfolgte durch 476 Vierknotenelemente. Ein großer Radius R ist aus programmtechnischem Grund notwendig. Bei einem Stempelweg größer als 3,68 mm werden die Elemente so stark verzerrt, daß die Rechenergebnisse nicht mehr genau sind. Bis zu diesem Stempelweg benötigt man zur

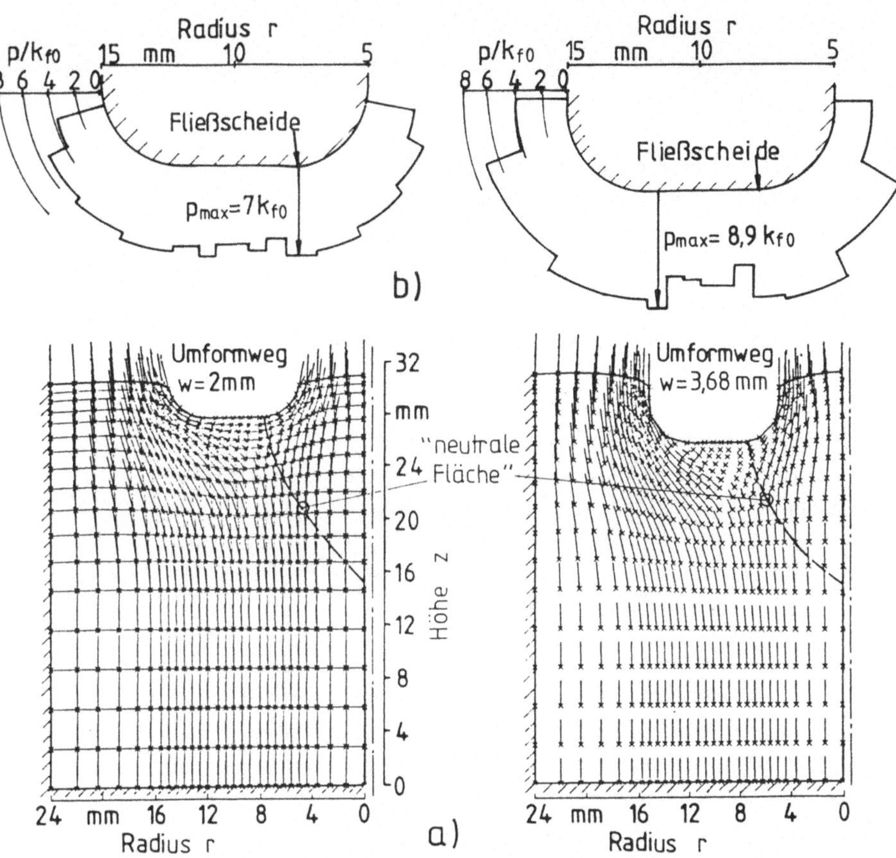

Bild 28: Geschwindigkeitsfelder und berechnete Druckbelastung auf die Stempelstirnfläche bei Umformwegen von 2mm und 3,68 mm

Berechnung des Umformvorgangs auf der Rechenanlage Cray-1/M ca. 1000
CPU-Sekunden (CPU-Zeit = Durchführungszeit). Bild 28a zeigt die Geschwindigkeitsfelder bei Stempelwegen von 2,0 mm und 3,68 mm. In den
Berechnungen wurde der Stempel festgehalten und die Matrize bewegt, um
rechentechnische Randprobleme einfacher zu lösen. Dabei wird lediglich
das Bezugssystem geändert; das zu untersuchende Problem bleibt jedoch
gleich. Es ist zu erkennen, daß der Werkstoff grundsätzlich von der
Symmetrieachse zum Außenrand fließt. Aufgrund der mittigen Bohrung wird
ein Teil des Werkstoffes umgelenkt und fließt in die Bohrung ein. Die
gestrichelte Linie kennzeichnet eine "neutrale Fläche" (rotationssymme-
trisch). Unterhalb dieser Fläche ist der Werkstofffluß zur Matrizenwand
gerichtet, oberhalb zur Bohrung. Auf der Stempelstirnfläche ist der

Fließscheidendurchmesser ca. 1,5 mal so groß wie der Bohrungsdurchmesser, womit die Belastungsannahme bestätigt wird.

Bild 28b zeigt die auf die Stempelstirnfläche wirkende Druckbelastung. Die Belastung steigt mit zunehmendem Stempelweg aufgrund der Werkstoffverfestigung. Auf der Stirnfläche ist eine nahezu konstante Belastung zu erkennen. Am Außen- und Innenrand ist die Belastung etwa halb so groß wie auf der Stirnfläche. Es soll an dieser Stelle erwähnt werden, daß wegen der starken Verzerrung der Elemente die Rechenergebnisse bei dem Stempelweg w = 3,68 mm mehr qualitativ anzusehen sind.

Insgesamt haben die Ergebnisse in Bild 28 gezeigt, daß die in Bild 25c dargestellten Belastungsannahmen für Stempel mit mittiger Bohrung gerechtfertigt sind.

6.4   <u>BEM- und FEM-Rechenmodelle</u>

Die Berechnung von rotationssymmetrischen Stempeln - Stempel mit üblichen Kopfgeometrien, Stempel mit mittigem Zapfen oder mittiger Bohrung - erfolgte mit der Boundary-Element-Methode (Programm BETSY-AX0 und BETSY-AX1). Zusätzliche FEM-Berechnungen dienten nur zum Vergleich und wurden an Stempeln mit üblichen Kopfgeometrien und Stempeln mit mittiger Bohrung durchgeführt.

Die Datenaufbereitung für die rotationssymetrische Berechnung mit der BEM ist recht einfach und benötigt wenig Zeit, da nur die Konturlinien des Körpers diskretisiert werden müssen. Für die Diskretisierung stehen gerade, kreisförmige und parabolische Elemente zur Verfügung.

Die Berechnung von nicht rotationssymmetrischen Stempeln - Stempel mit außermittigen Nebenformelementen, Stempel mit nicht kreisförmigen Schaftquerschnitten - erfolgte mit der Finite-Element-Methode, da zum Zeitpunkt der Durchführung dieser Arbeit das BEM-Programm BETSY-3D noch nicht erfolgreich eingesetzt werden konnte.

Allgemein werden Stempel bei der Diskretisierung in Unterstrukturen geteilt. Dies bewirkt eine erhebliche Herabsetzung der Rechenzeit.

6.4.1   Stempel mit üblichen Kopfgeometrien

Bild 29 zeigt die Idealisierung des Stempelkopfes von Stempeln mit üblichen Kopfgeometrien. Die Unterteilung des Stempelkopfes in 8 Unterstrukturen ermöglicht die Erfassung der Spannungen im Innern des Körpers. Durch die Änderung der Unterstruktur 1 kann die Kopfform flach, kegelig oder flach und kegelig ausgebildet werden. Die Größe der Kegelwinkel, Radien und des Hinterschliffs werden nach der VDI-Richtlinie 3186, Bl. 2 [31] gewählt. Als Elemente werden an gerader Konturlinie gerade Elemente und an kreisförmiger Konturlinie kreisförmige Elemente verwendet. Die Anzahl der Elemente, Knotenpunkte und Freiheitsgrade können aus Bild 29 entnommen werden.

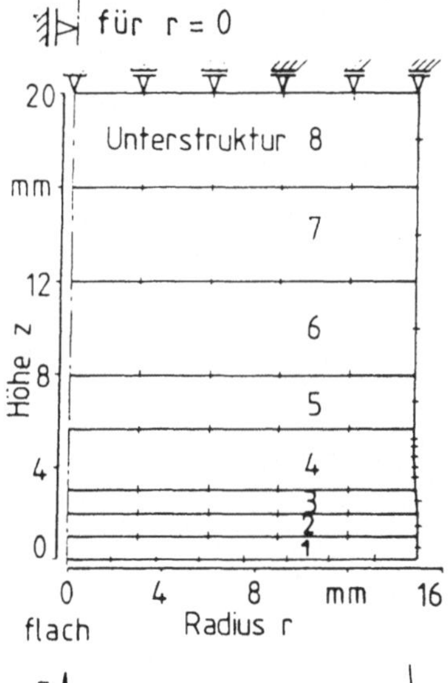

Unter-struktur	Ele-mente	Knoten-punkte	Freiheits-grade
1 flach	15	16	32
1 kegelig	17	20	40
1 flach und kegelig	20	26	52
2	12	13	26
3	12	13	26
4	16	17	34
5	12	13	26
6	12	13	26
7	12	13	26
8	12	13	26

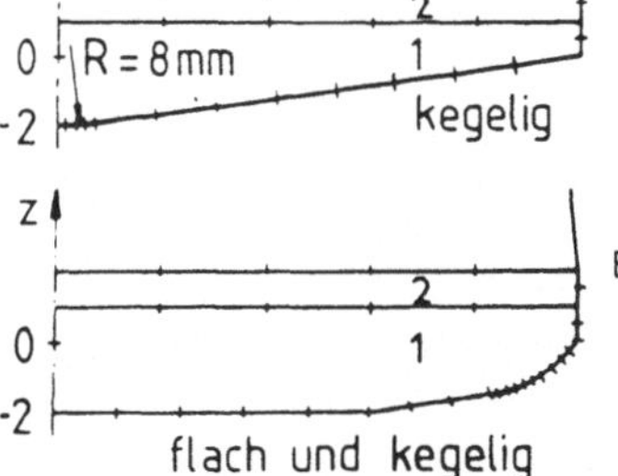

Bild 29: Boundary-Element- Idealisierung des Stempelkopfes von Stempeln mit üblichen Kopfgeometrien

Bei der Berechnung der kegeligen Kopfform tritt unter Belastung mit Reibung an der Spitze der Stirnfläche eine Singularität auf, die die Spannung stark verfälscht. Um diese Singularität zu umgehen, wird die Spitze mit einem Radius R = 8 mm versehen.

Als Randbedingungen werden die Verschiebungen der Knotenpunkte auf der Ebene z = 20 mm in z-Richtung und die Verschiebungen der Symmetrieachse in r-Richtung unterdrückt.

Die FE-Idealisierung für die Vergleichsrechnung mit ASKA zeigt Bild 30. Hier wird ein Meridianschnitt eines vollständigen Stempels idealisiert. Die Idealisierung besteht aus 4 Netzen bei flacher Kopfform bzw. 5 Netzen bei kegeliger bzw. flach und kegeliger Kopfform. Die gewählten Elemente sind die rotationssymmetrischen Ringelemente TRIAX6, TRIAXC6, QUAX8 und QUAXC8 (vgl. Bild 8) mit quadratischem Verschiebungsansatz, welcher einen Spannungsgradienten innerhalb der Elemente zuläßt. Die Elemente TRIAXC6 und QUAXC8 zeichnen sich durch einen parabolischen Verlauf zwischen den Knoten aus. Sie werden an den Stellen verwendet, wo die Übergangsradien auftreten. Die Anzahl der Elemente, Knotenpunkte und Freiheitsgrade sind in Bild 30 enthalten. Als Randbedingungen werden die Verschiebungen der oberen Stirnfläche (z = 134 mm) in z-Richtung und die Verschiebungen der Symmetrieachse in r-Richtung unterdrückt.

6.4.2   Stempel mit mittigen kreisrunden Nebenformelementen

Bild 31 zeigt die BE-Idealisierung des Stempelkopfes von Stempeln mit mittigem Zapfen bzw. mittiger Bohrung.

Die Idealisierung des Stempelkopfes mit mittigem Zapfen - Bild 31a - hat 9 Unterstrukturen und entspricht im Prinzip der Idealisierung von Stempeln mit üblichen Kopfgeometrien. Im Radiusbereich tritt die maximale Vergleichsspannung auf. Die Anzahl der Elemente wird in diesem Bereich innerhalb einer Konvergenzuntersuchung variiert.

Bei der Berechnung von Stempeln mit außermittigem Zapfen ist die Kenntnis der Formzahl für Biegung notwendig. Für die Berechnung dieser Formzahl wird das Programm BETSY-AX1 benutzt. Da dieses Programm noch keine Unterstrukturtechnik enthält, besteht die Idealisierung für die Berechnung mit BETSY-AX1 nur aus einer Struktur - Bild 31b.

Netz	Elemente	Knotenpunkte	Freiheitsgrade
1	84	300	445
2	25	80	142
3	31	102	186
4	22	77	124
5 kegelig	20	80	120
5 abger.	35	125	206
5 Bohrung	36	150	204
Hauptnetz	0	60	95

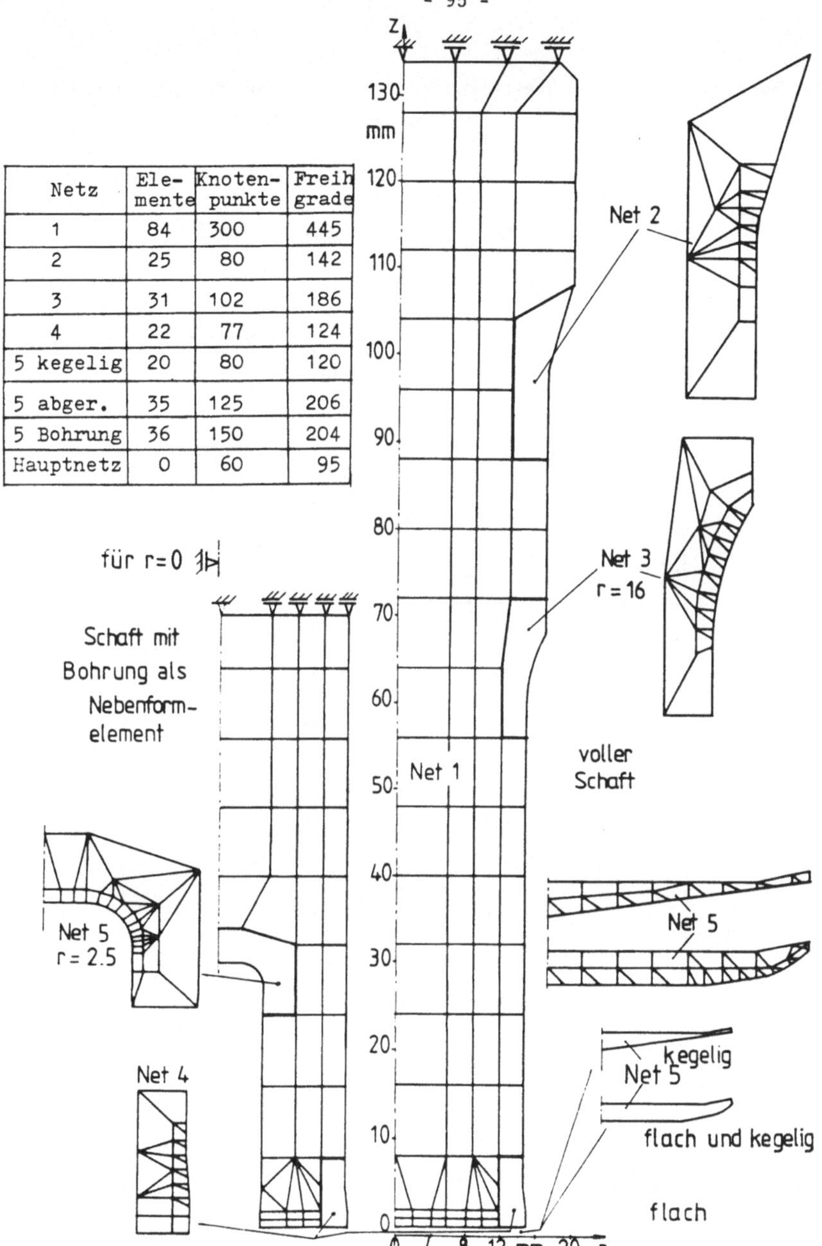

Bild 30: Finite-Element-Idealisierung eines Stempels mit üblichen Kopfgeometrien und des Stempelkopfes eines Stempels mit Bohrung
als Nebenformelement

Die Idealisierung des Stempelkopfes mit mittiger Bohrung enthält 5
Unterstrukturen - Bild 31c -. Ähnlich wie im Fall des Stempels mit

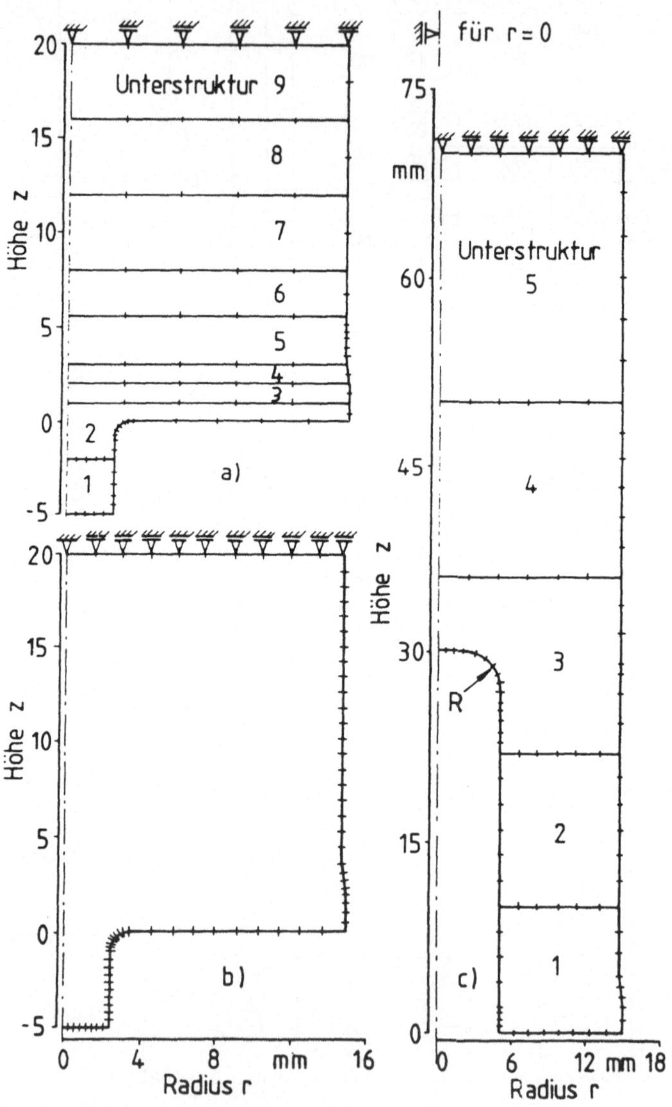

Bild 31: Boundary-Element-Idealisierung des Stempelkopfes von Stempeln
mit mittigem Zapfen bzw. mittiger Bohrung

mittigem Zapfen tritt die maximale Beanspruchung wieder im Radiusbereich auf. In diesem Bereich wird das Konvergenzverhalten der Berechnungen untersucht. Die FE-Idealisierung für Stempel mit mittiger Bohrung ist im Bild 30 enthalten. Bei dieser Idealisierung wird nur der Stempelkopfbereich diskretisiert, um die Rechenzeit der FEM- und der BEM-Berechnungen besser vergleichen zu können. Die Idealisierung entsteht durch Modifikation der Idealisierung für Stempel mit üblichen Kopfgeometrien (flache Kopfform). Die Randbedingungen für die Berechnungen von Stempeln mit mittigen runden Nebenformelementen sind gleich denen im Fall von Stempeln mit üblichen Kopfgeometrien, d.h. Unterdrückungen der Verschiebungen der obersten Ebene in z-Richtung und der Symmetrieachse in r-Richtung.

6.4.3 Stempel mit außermittigen kreisrunden Nebenformelementen

Für die Berechnungen von Stempeln mit außermittigen runden Nebenformelementen werden dreidimensionale Idealisierungen benötigt.

Bild 32 zeigt die FE-Idealisierung eines Stempels mit einem außermittigen Zapfen. Wegen der Symmetrieeigenschaft muß nur eine Hälfte des Stempels idealisiert werden. Bei 2 Zapfen wird nur ein Viertel und bei 4 Zapfen nur noch ein Achtel des Stempels idealisiert. Die Idealisierung besteht aus 2 Netzen, die zu einem Hauptnetz zusammengesetzt werden.

Für die Idealisierung wurden die ASKA-Volumenelemente HEXEC20 und PENTAC15 (vgl. Bild 8) gewählt. Diese beiden Elemente erlauben eine gute Beschreibung der Krümmungsflächen und haben den Vorteil, daß eine Kante automatisch als Gerade identifiziert wird, wenn die Koordinaten des Kantenmittelpunktes nicht angegeben werden. Durch einen unvollständigen kubischen Verschiebungsansatz im Fall PENTAC15 und einen unvollständigen Verschiebungsansatz 4. Ordnung im Fall HEXEC20 können die Verschiebungen genau ermittelt werden. Die Anzahl der Elemente, Knotenpunkte und Freiheitsgrade sind ebenfalls aus Bild 32 ersichtlich. Da der Radiusbereich am stärksten beansprucht wird, wird er durch eine hohe Anzahl von Elementen diskretisiert.

Die FE-Idealisierung von Stempeln mit außermittigen Bohrungen besteht auch aus 2 Unterstrukturen. Ähnlich wie bei dem Stempel mit außermittigen Zapfen wird hier eine Hälfte bzw. ein Viertel oder ein Achtel des Stempels mit HEXEC20- und PENTAC15-Elementen idealisiert. Die Anzahl der Freiheitsgrade sind bei Stempeln mit außermittigen Bohrungen wegen der größeren zu idealisierenden Stempelkopflänge größer als bei Stempeln mit außermittigen Zapfen.

Als Randbedingungen werden die Verschiebungen der Ebene z = 0 in alle Richtungen und die Verschiebungen der Symmetrieebene in x-Richtung unterdrückt.

	Ele-mente	Knoten-punkte	Freiheits-grade
Netz 1	42	240	439
Netz 2	132	671	1682
Haupt-netz	0	61	170

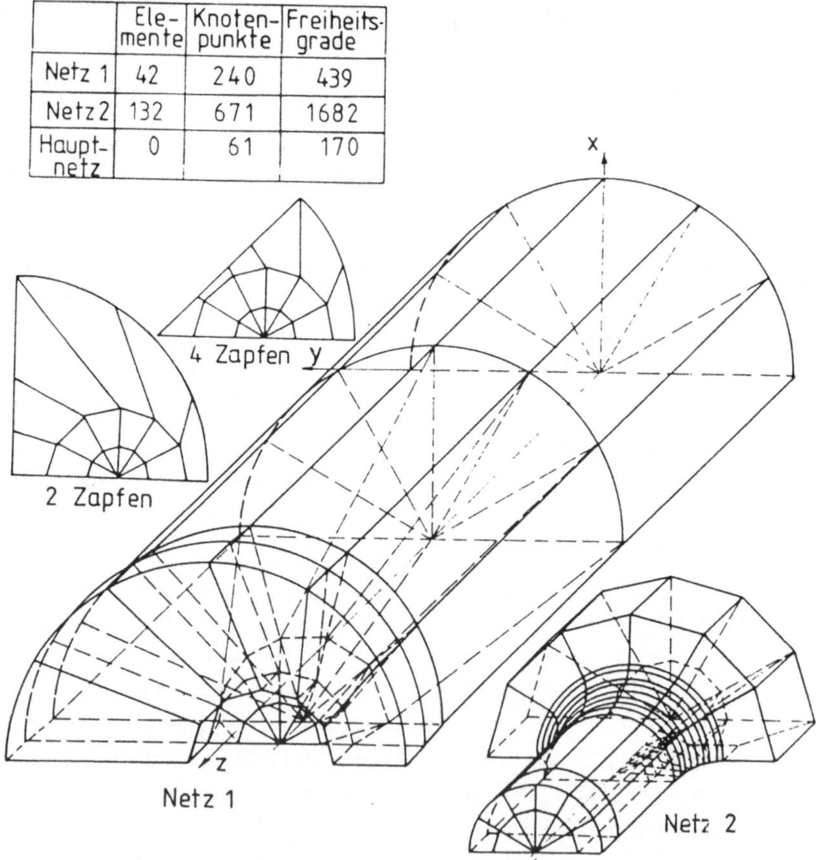

Bild 32: Finite-Elemente-Idealisierung eines Stempels mit außermittigen Zapfen

6.4.4 <u>Stempel mit nicht kreisförmigen Schaftquerschnitten</u>

Bild 33 gibt einen Überblick über die Unterstrukturen von Stempeln mit nicht kreisförmigen Schaftquerschnitten. Die Längen l und L und der Durchmesser D werden konstant gehalten. Die Kantenlänge A und der Übergangsradius R sind Parameter. Bei Stempeln mit viereckigem und mit sechseckigem Schaftquerschnitt wird zusätzlich noch die Kopfform variiert.

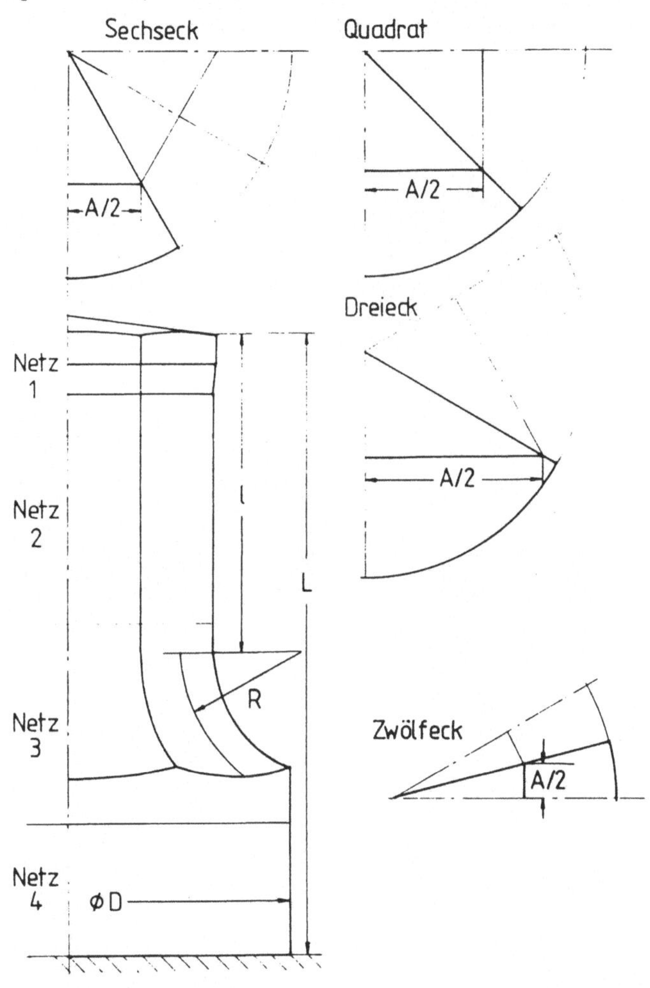

Bild 33: Überblick über die Unterstrukturen von Stempeln mit nicht kreisförmigen Schaftquerschnitten

Aufgrund der Symmetrieeigenschaft muß auch hier nur ein Teil des ganzen Körpers idealisiert werden. Dieser Teil beträgt im Falle des dreieckigen Schaftquerschnitts ein Sechstel, des viereckigen ein Achtel, des sechseckigen ein Zwölftel und des zwölfeckigen Schaftquerschnitts ein Vierundzwanzigstel des ganzen Körpers. Die Idealisierung besteht aus 4 Netzen, die durch ein Hauptnetz miteinander gekoppelt werden. Netz 1 und Netz 3 werden sehr fein idealisiert, um die Spannungen im Kopf- und Radiusbereich genau zu ermitteln. Für die Idealisierungen wurden wieder die Volumenelemente HEXEC20 und PENTAC15 verwendet.

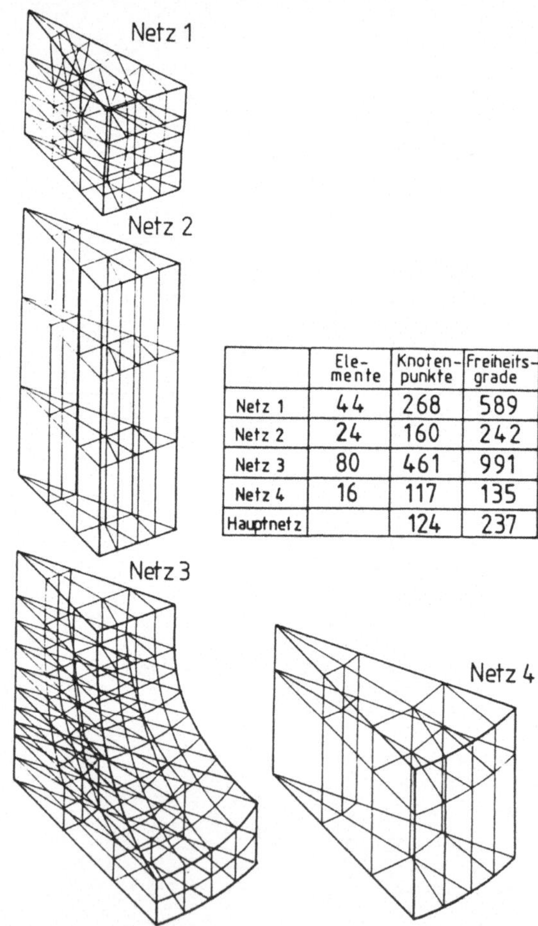

	Elemente	Knotenpunkte	Freiheitsgrade
Netz 1	44	268	589
Netz 2	24	160	242
Netz 3	80	461	991
Netz 4	16	117	135
Hauptnetz		124	237

Bild 34: Finite-Elemente-Idealisierung eines Stempels mit sechseckigem Schaftquerschnitt

Bild 34 zeigt die Idealisierung eines Stempels mit sechseckigem Schaftquerschnitt. Im Bild sind die Anzahl der Elemente, Knotenpunkte und Freiheitsgrade in jedem Netz enthalten. Zur Untersuchung des Konvergenzverhaltens der Berechnungen wurde die Anzahl der Freiheitsgrade im Netz 3 (Radiusbereich, Teil mit maximaler Beanspruchung) variiert.

Die Idealisierungen von Stempeln mit dreieckigem, viereckigem und zwölfeckigem Schaftquerschnitt sind bezüglich der Elementaufteilung identisch mit der Idealisierung des Stempels mit sechseckigem Schaftquerschnitt.

Bei der Untersuchung des Abbaus der maximalen Vergleichsspannung an Stempeln mit nicht kreisförmigen Schaftquerschnitten wurden die scharfen Schnittkanten zwischen zwei benachbarten Mehrkantflächen als abgefräst angenommen. In jedem Netz wird zur Beschreibung des Abfräsbereiches noch eine Elementreihe hinzugefügt.

6.4.5 <u>Durchführung der Berechnungen</u>

Die Durchführung der Berechnungen erfolgte auf den Rechnern CDC-6600 bzw. Cray-1/M des Rechenzentrums der Universität Stuttgart. Der benötigte Speicherplatz beträgt auf dem Rechner Cray-1/M etwa 430 KWorte für das Programm BETSY-AX1, 310 KWorte für BETSY-AXO und 210 KWorte für ASKA. Tabelle 9 stellt die notwendigen Rechenzeiten bei verschiedenen Stempelberechnungen dar. Man sieht, daß bei vergleichbarem Problem - mit etwa gleicher Genauigkeit - wie im Fall der Stempel mit mittiger Bohrung die Durchführungszeit (CPU-Zeit) bei Anwendung der BEM doppelt so groß ist wie die bei Anwendung der FEM. Demgegenüber beträgt die Eingabe-Ausgabe-Zeit (IO-Zeit) der FEM-Berechnungen das Zehnfache der Zeit der BEM-Berechnungen. Man sollte auch beachten, daß die Aufbereitungszeit bei Anwendung der BEM erheblich kleiner ist als die bei der FEM. Für den Fall des Stempels mit mittiger Bohrung wurden für die Aufbereitung des BEM-Rechenmodells ca. 3 Stunden benötigt und für das FEM-Rechenmodell ca. 3 Tage.

Zur Überprüfung der Eingabedaten und zur Darstellung der Ergebnisse von 3D-Berechnungen wurden die selbst entwickelten Programme ASTOP und ASPA3D angewandt. Diese beiden Programme lesen die Eingabedaten (ASTOP) bzw. die Ergebnisse (ASPA3D) der Berechnungen von ASKA in Form von

Datenfiles ein und erzeugen daraus Plotbilder, die interaktiv am Graphikbildschirm geprüft und/oder auf Papier ausgegeben werden können.

Tabelle 9: Rechenzeiten bei Stempelberechnungen

Stempelversion mit		FEM (ASKA)				BEM (BETSY)				Bemerkung
		Rechner	Zeit in Sek.			Rechner	Zeit in Sek.			
			CPU	IO	GES		CPU	IO	GES	
üblichen Kopfgeometrien		CDC	75	420	495	–	–	–	–	– GS
		–	–	–	–	CRAY	6	5	11	AXO SK
mittigem Zapfen		–	–	–	–	CRAY	11	5	16	AXO SK
		–	–	–	–	CRAY	6	7	13	AX1 SK
mittiger Bohrung		CRAY	5	50	55	CRAY	12	5	17	AXO SK
außerm. Zapfen		CRAY	85	674	759	–	–	–	–	– SK
außerm. Bohrung		CRAY	162	1244	1406	–	–	–	–	– SK
nicht kreisförmigen Schaftquerschnitten	NA	CRAY	31	188	219	–	–	–	–	– SK
	AK	CRAY	38	270	308	–	–	–	–	– SK
CDC: CDC-6600 CRAY: CRAY-1/M										
CPU: Durchführungszeit; IO: Input-Output-Zeit;										
GES: Gesamtzeit GS: Ganzer Stempel SK: Stempelkopf										
NA: Nicht abgefräste Eckkante AK: Abgefräste Eckkante										
AXO: Programm BETSY-AXO, AX1: Programm BETSY-AX1										

Die Ergebnisse der FEM-Berechnungen sind die Verformungen sowie die Normal- und Schubspannungen in X-, Y- und Z-Richtungen. Die Ergebnisse der rotationssymmetrischen BEM-Berechnungen sind die Verformungen und Spannungen entlang den Konturlinien in lokalen Richtungen, vgl. Bild 35, wobei σ_t die Spannung parallel zur Konturlinie (sie kann axial oder radial sein), σ_u die Umfangsspannung bzw. die tangentiale Spannung im üblichen Sinn, σ_n die Normalspannung senkrecht zur Konturlinie und τ die Schubspannung auf der Oberfläche beschreibt.

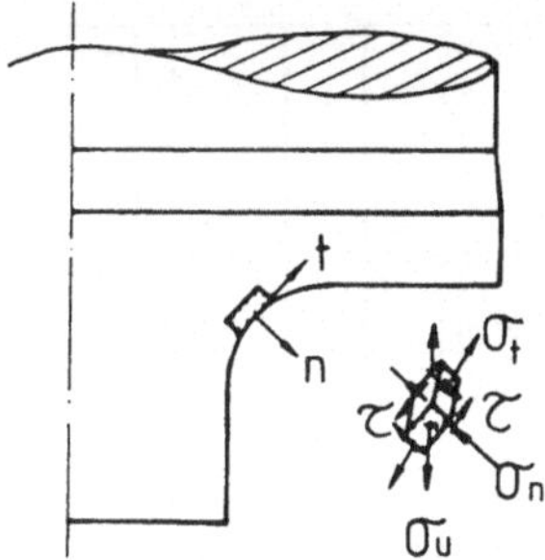

Bild 35: Spannungsausgaben der BEM-Berechnungen

6.4.6 Konvergenzverhalten der Berechnungen

Um die Güte der Idealisierungen - bzw. der Rechenergebnisse - zu überprüfen, wurde das Konvergenzverhalten der maximalen Spannungswerte untersucht. Die Konvergenzuntersuchung erfolgt durch Variation der Anzahl der Elemente im Bereich der maximalen Beanspruchung. Es ist bekannt, daß die Anzahl der Elemente - bzw. Knotenpunkte - einen Einfluß auf die maximale Vergleichsspannung hat. Untersucht wurden Stempel mit mittigem Zapfen (BEM), Stempel mit mittiger Bohrung (BEM) und Stempel mit sechseckigem Schaftquerschnitt (FEM). Das Ergebnis der Untersuchung zeigt Bild 36.

Am Stempel mit mittigem Zapfen (2 Lastfälle) und Stempel mit mittiger Bohrung wurde der Radiusbereich mit 4, 12 und 20 Knotenpunkten diskretisiert. Bild 36a und 36b zeigen das gute Konvergenzverhalten der Berechnungen. Die Erhöhung der Knotenzahl von 12 auf 20 ergibt keine nennenswerte Änderung der maximalen Vergleichsspannung mehr. Bei allen Berechnungen von Stempeln mit mittigen runden Nebenformelementen wurde die Knotenzahl von 20 gewählt, um auf der sicheren Seite zu liegen.

Am Stempel mit sechseckigem Schaftquerschnitt tritt die maximale Beanspruchung ähnlich wie im Fall von Stempeln mit runden Nebenformelementen im Radiusbereich - Netz 3 - auf. Die Anzahl der Elemente in diesem Bereich wurde variiert. Das Ergebnis der Konvergenzuntersuchung ist im Bild 36c dargestellt. Die maximalen Vergleichsspannungen unterscheiden sich nur geringfügig ($\approx$ 2 %), so daß mit dem feinsten Netz sicher eine befriedigende numerische Genauigkeit erreicht wird. Alle Berechnungen von Stempeln mit nicht kreisförmigen Schaftquerschnitten wurden mit der feinsten Idealisierung durchgeführt.

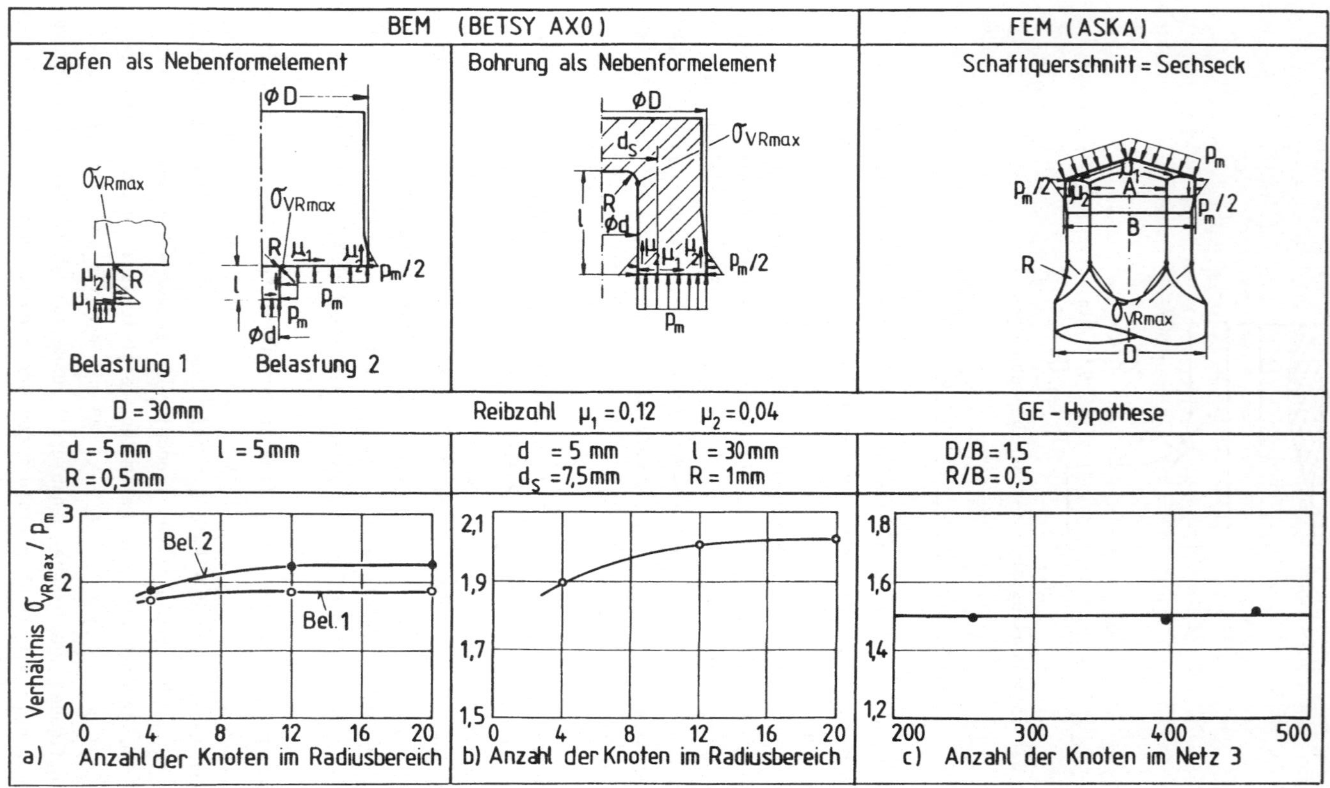

Bild 36: Konvergenzverhalten der Berechnungen

6.4.7 Vergleich zwischen BEM- und FEM-Berechnungen

Durch die Gegenüberstellung von BEM- und FEM-Berechnungen soll eine Aussage über die Vergleichbarkeit der beiden Rechenverfahren gewonnen werden. Die Gegenüberstellung erfolgt anhand der Vergleichsspannung nach der Gestaltänderungsenergie-Hypothese.

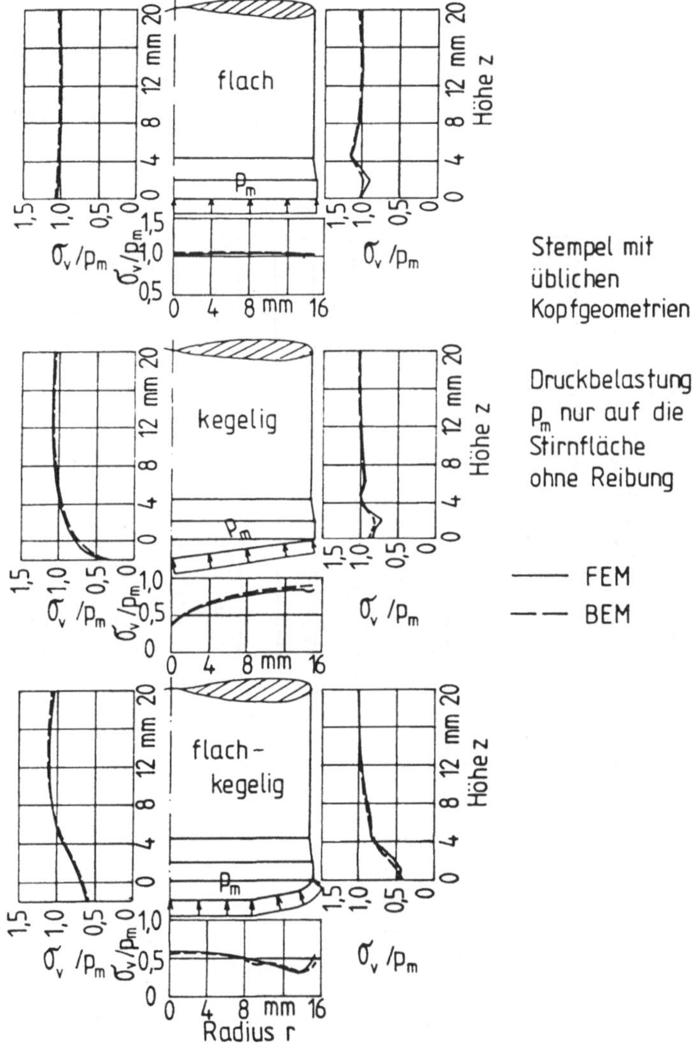

Bild 37: Vergleich zwischen Ergebnissen der Berechnungen mit FEM und BEM an Stempeln mit üblichen Kopfgeometrien (GE-Hypothese)

Bild 37 zeigt den Vergleich für Stempel mit üblichen Kopfgeometrien bei Belastung ohne Reibung. Dabei wurden die mit der BEM und FEM berechneten Spannungsverläufe entlang der Kontur der Stempelköpfe aufgetragen. Die Gegenüberstellung zeigt eine sehr gute Übereinstimmung zwischen beiden Verfahren bei allen berechneten Kopfformen. Die kleinen Abweichungen zwischen den Ergebniskurven sind praktisch vernachlässigbar.

Im Fall der Stempel mit mittiger Bohrung läßt sich ebenfalls eine sehr gute Übereinstimmung zwischen BEM- und FEM-Berechnungen feststellen (Bild 38). Die maximale Vergleichsspannung beträgt bei der BEM $2{,}0 \cdot p_m$, bei der FEM $1{,}85 \cdot p_m$, ein Unterschied also von ca. 8 %.

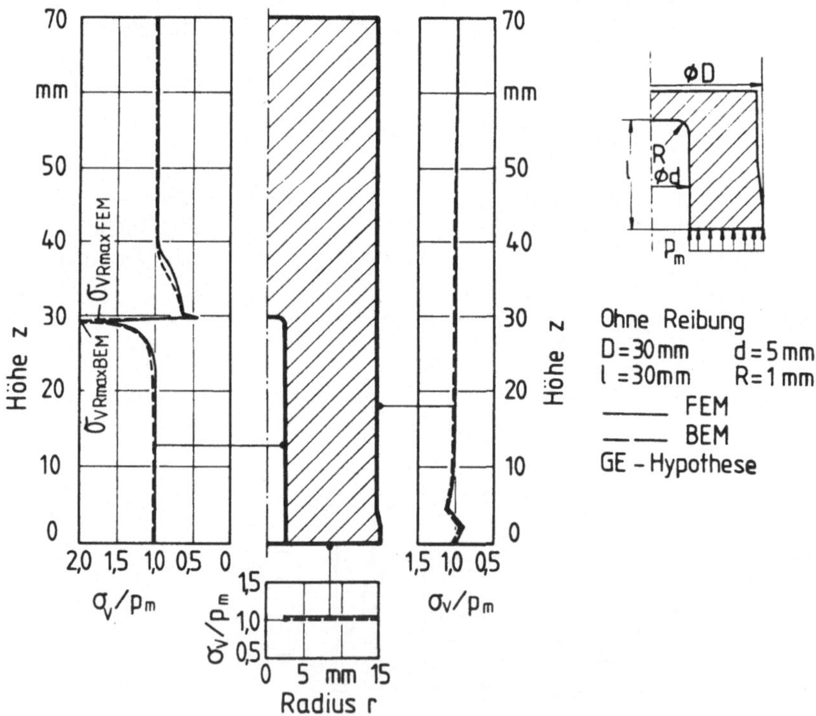

Bild 38: Vergleich zwischen Ergebnissen der Berechnungen mit FEM und BEM am Stempel mit mittiger Bohrung

Nach der Theorie darf angenommen werden, daß die Ergebnisse der BEM-Berechnungen etwas genauer als die der FEM sind, da die Lösung des BEM-Gleichungssystems (25) direkt die Oberflächenspannungen liefert, während die Lösung des FEM-Gleichungssystems (4) zunächst nur Verschiebungen hervorbringt.

Die Gegenüberstellung zwischen BEM- und FEM-Berechnungen hat gezeigt, daß beide Verfahren vergleichbare Ergebnisse liefern.

Im folgenden werden die Ergebnisse der Parameteruntersuchung nach dem
Untersuchungsplan in der Tabelle 8 geschildert. Für die Darstellung der
Ergebnisse wird vorwiegend die Vergleichsspannung nach der Gestaltänderungsenergie-Hypothese (GEH) angewandt. Diese Hypothese ist für duktilen Werkstoff gutgeeignet. Da jedoch der Stempel aus einem härteren Werkstoff besteht, wird an mehreren Stellen auch die Vergleichsspannung nach der Normalspannungshypothese (NH) berücksichtigt. Bei der Normalspannungshypothese
wird die Normalspannung mit dem absolut größten Betrag betrachtet [71] .

7.1   Stempel mit üblichen Kopfgeometrien: Einfluß der Kopfform

Die Kopfform hat einen bedeutenden Einfluß auf die maximale Beanspruchung in Stempeln mit üblichen Kopfgeometrien. Die Vergleichsspannungen
(nach der GEH) entlang den Konturlinien der Stempelköpfe zeigen stark
unterschiedliche Verläufe je nach der Kopfform. Das gilt sowohl bei
Lastfall ohne Reibung (Bild 37) als auch bei Lastfall mit Reibung
(Bild 39).

Die Beanspruchung bei der flachen Kopfform ist insgesamt am ungünstig-
sten. Für diese Form beträgt die maximale Vergleichsspannung $1,17.p_m$ am
Hinterschliff bei Lastfall ohne Reibung, bzw. $1,44.p_m$ in der Mitte der
Stirnfläche bei Lastfall mit Reibung. Die hohe Beanspruchung in der
Mitte der Stirnfläche bei Lastfall mit Reibung läßt sich durch die
aufgrund der Reibung auftretenden Zugspannungen in radialer und tangentialer Richtung erklären. Stempel mit flacher Kopfform sollten deshalb
nach Möglichkeit vermieden werden.

Beim Vergleich der maximalen Beanspruchung auf der Stirnfläche ist die
kegelige Form am günstigsten. Der maximale Wert an der Spitze beträgt
ca. $0,91.p_m$.

Die Beanspruchung des Stempels mit flach und kegeliger Kopfform erweist
sich ebenfalls als sehr günstig. Die maximale Beanspruchung tritt bei
dieser Form an der Mitte der Stirnfläche auf und beträgt ca. $1,1.p_m$.

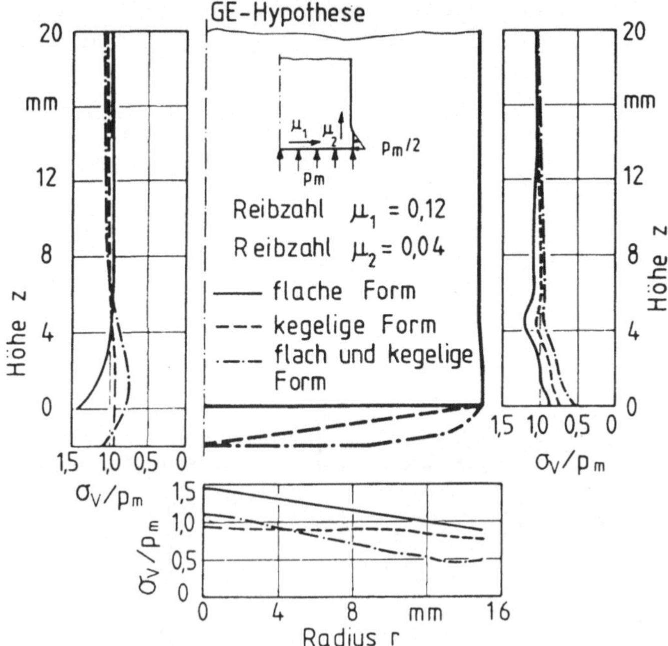

Bild 39: Verläufe der Vergleichsspannungen entlang den Konturlinien von Stempeln mit üblichen Kopfgeometrien

7.2 Stempel mit kreisrunden Nebenformelementen

Bei Stempeln mit runden Nebenformelementen wurde der Einfluß des Übergangsradius, des Durchmessers, der Länge, der Außermittigkeit und der Anzahl der Nebenformelemente untersucht. Als Nebenformelement wurden der Zapfen und die Bohrung berechnet.

7.2.1 Zapfen als Nebenformelement

Bild 40 gibt einen Überblick über die Verläufe der verschiedenen Spannungsanteile entlang der Konturlinie des Stempelkopfes beim Stempel mit Zapfen als Nebenformelement für 2 Lastfälle.

Im Lastfall 1 (Druck nur auf die Zapfenstirnfläche, durchgezogene Linie) treten die maximalen Vergleichsspannungen nach der Gestaltände-

rungsenergie-Hypothese (GE-Hyp.) und nach der Normalspannungshypothese
(Normalsp.-Hyp.) im Einlaufbereich auf. Wichtig für die Bildung der
Vergleichsspannung ist in diesem Fall die Druckspannung σ_t in Richtung
der Konturlinie.

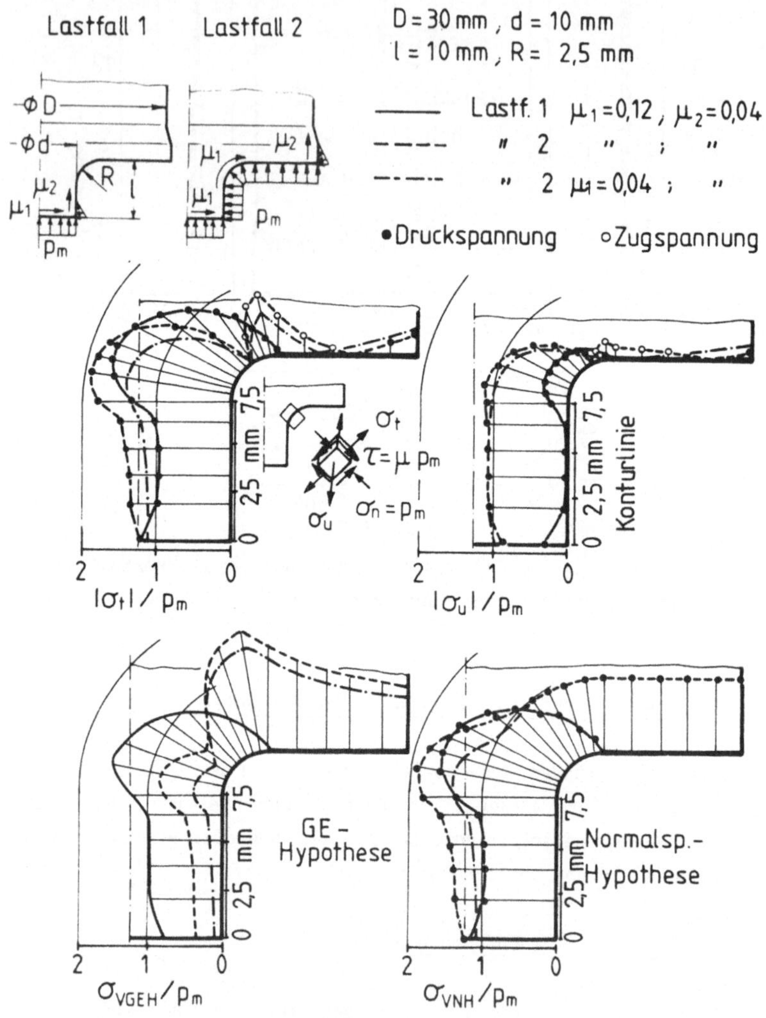

Bild 40: Spannungsverläufe entlang der Konturlinie des Stempelkopfes
eines Stempels mit Zapfen als Nebenformelement bei zwei Belas-
tungsfällen

Im Lastfall 2 (Druck auf die Zapfen- und Stempelstirnfläche, gestrichelte Linie) fallen die Orte der maximalen Vergleichsspannung nach der GE-Hypothese und nach der Normalsp.-Hypothese nicht mehr zusammen. Die Normalsp.-Hypothese liefert immer noch eine maximale Beanspruchung im Einlaufbereich, die aufgrund der zusätzlich auftretenden Reibkraft auf der Zapfenumfangsfläche größer ist als die maximale Beanspruchung im Lastfall 1. Die Reibkraft erzeugt außerdem mit der Druckkraft auf der Stirnfläche im Auslaufbereich Zugspannungen in radialer und tangentialer Richtung, die die Vergleichsspannung nach der GE-Hypothese stark vergrößern und sie in diesem Bereich zum Maximum machen. Im Einlaufbereich sind wegen des allseitigen Druckzustandes (Druck in allen Richtungen) die Vergleichsspannungen nach der GE-Hypothese sehr gering.

Die Größe der maximalen Vergleichsspannung im Lastfall 2 ist stark von der Reibzahl μ_1 abhängig. Bei $\mu_1 = 0,04$ (statt 0,12) beträgt die maximale Vergleichsspannung für den untersuchten Fall nach der Normalsp.-Hypothese 1,43 p_m (statt 1,89 p_m) und nach der GE-Hypothese 1,41 p_m (statt 1,62 p_m). Der Maximalwert nach der Normalsp.-Hypothese bei $\mu_1 = 0,04$ (1,43 p_m) ist wider Erwarten kleiner als der Maximalwert im Lastfall 1 (1,63 p_m), wo keine zusätzliche Reibkraft auf der Zapfenumfangsfläche auftritt. Diese Tatsache ist auf die starke Wirkung der Druckkraft auf die Stempelstirnfläche zurückzuführen. Durch diese Druckkraft wird ein Teil der Spannungskonzentration im Einlaufbereich-hervorgerufen durch den Kraftanteil auf die Zapfenstirnfläche-wieder aufgehoben bzw. vermindert.

7.2.1.1 Einfluß des Übergangsradius R, des Zapfendurchmessers d und der Zapfenlänge l

Bild 41 zeigt den Einfluß des Übergangsradius R, des Zapfendurchmessers d und der Zapfenlänge l auf die maximale Beanspruchung des Stempels mit Zapfen als Nebenformelement.

Der Radius R hat den größten Einfluß auf den Betrag der maximalen Beanspruchung. Das gilt für beide Lastfälle und für jede der beiden der Untersuchung zugrundegelegten Hypothesen (GE- und Normalsp.-Hypothese). In allen Fällen nehmen die maximalen Beanspruchungen hyperbolisch mit steigendem Verhältnis R/d ab. Die Abnahme ist im Lastfall 2 kleiner als im Lastfall 1; d.h. unter der Wirkung der Druckkraft auf der Stempelstirnfläche wird der Einfluß des Übergangradius R geringer.

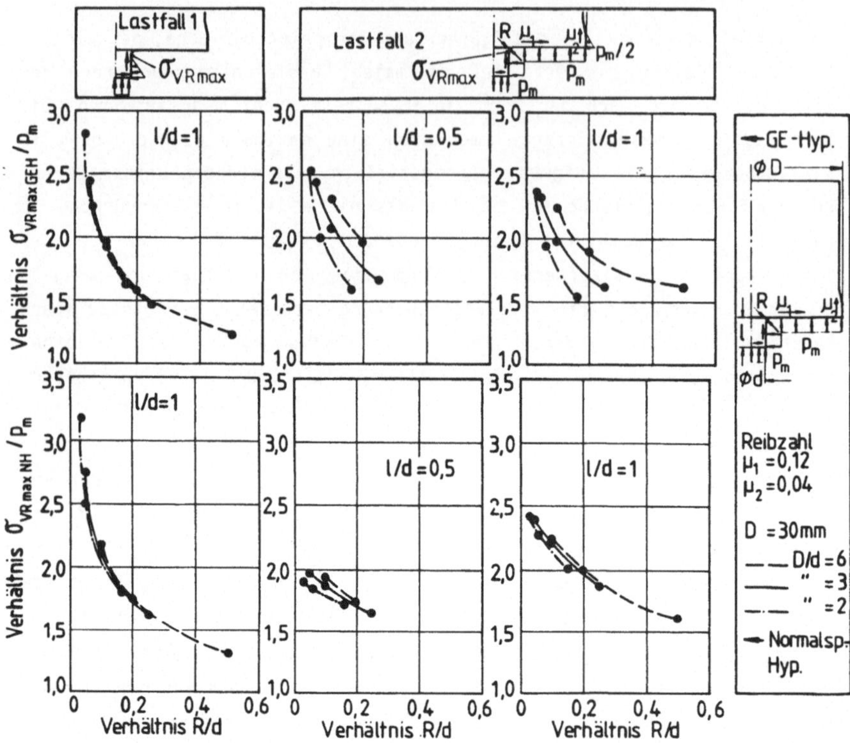

Bild 41: Einfluß des Übergangsradius, des Zapfendurchmessers und der Zapfenlänge auf die maximale Beanspruchung des Stempels mit Zapfen als Nebenformelement.

Der Einfluß des Verhältnisses D/d ist gering und hat nur für den Lastfall 2 große Bedeutung bei der Berechnung nach der GE-Hypothese. Insgesamt nehmen die maximalen Vergleichsspannungen mit steigendem Verhältnis D/d zu. Die Zunahme ist auf die schärfere Kraftumleitung bei steigendem Verhältnis D/d zurückzuführen.

Die Zapfenlänge l hat nur im Lastfall 2 Einfluß auf die maximale Beanspruchung. Bei der Berechnung nach der Normalsp.-Hypothese nimmt die maximale Beanspruchung mit steigendem Verhältnis l/d zu. Die Zunahme ist auf die Vergrößerung der Reibkraft am Zapfen zurückzuführen. Bei der Berechnung nach der GE-Hypothese läßt sich demgegenüber eine entgegengesetzte Tendenz feststellen: die maximale Beanspruchung nimmt mit wachsendem Verhältnis l/d leicht ab. Diese Abnahme kann wie folgt erklärt werden: Die zunehmende Reibkraft vergrößert die Druckspannung im Einlaufbereich und verkleinert die Zugspannung im Auslaufbereich. Durch die Verkleinerung der Zugspannung wird die maximale Vergleichsspannung im Auslaufbereich insgesamt verringert.

7.2.1.2 Einfluß der Außermittigkeit e und der Anzahl der Zapfen

Die Ergebnisse der Untersuchung im Bild 42a zeigen, daß die maximale Beanspruchung linear mit der Außermittigkeit e zunimmt. Diese Ergebnisse erhält man für verschiedene Radien R und für beide angewandte Vergleichsspannungshypothesen. Die lineare Zunahme der maximalen Bean-

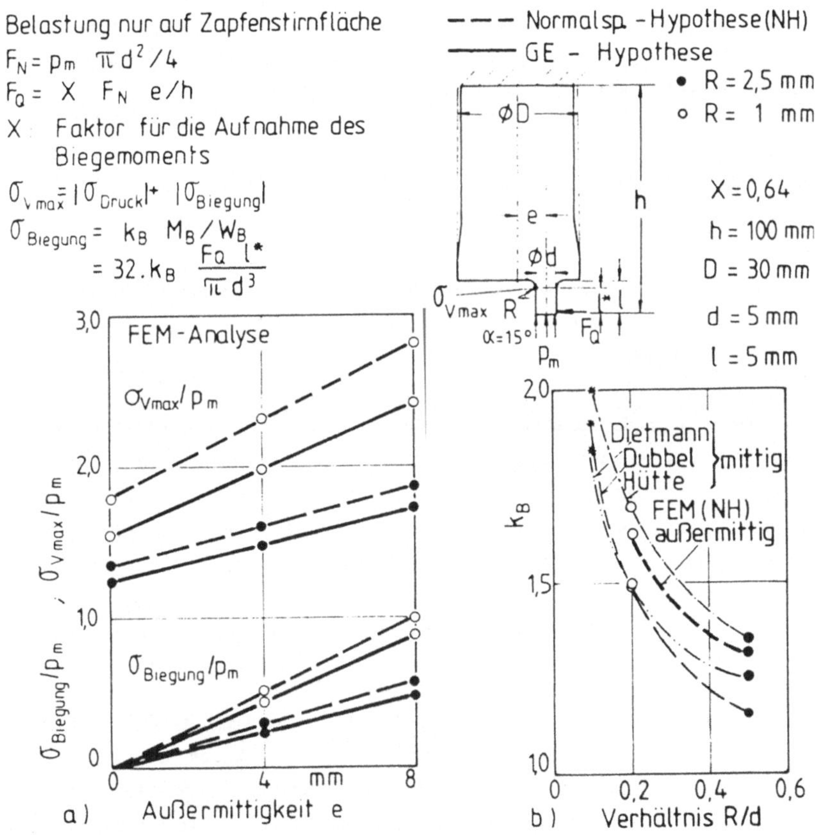

$$F_N = p_m \ \pi d^2 / 4$$
$$F_Q = X \ F_N \ e/h$$

X : Faktor für die Aufnahme des Biegemoments

$$\sigma_{V max} = |\sigma_{Druck}| + |\sigma_{Biegung}|$$
$$\sigma_{Biegung} = k_B \ M_B / W_B = 32 \cdot k_B \ \frac{F_Q \ l^*}{\pi d^3}$$

Bild 42: Zunahme der maximalen Vergleichsspannung an einem Stempel mit einem außermittigen Zapfen

spruchung ist auf die lineare Abhängigkeit der Querkraft F_Q von der Außermittigkeit e zurückzuführen. Der Ort der maximalen Beanspruchung durch die Druckkraft F_N fällt mit dem Ort der maximalen Biegebeanspruchung durch die Querkraft F_Q zusammen. Dieser Ort liegt ca. 15^0 vom Einlauf des Übergangssradius R entfernt. Die maximale Beanspruchung besteht aus einem Druckanteil und einem Biegeanteil, wobei die Zunahme der Vergleichsspannung mit der Außermittigkeit e gleich dem Biegeanteil ist. Aus der bekannten Biegespannung und dem bekannten Verhältnis Biegemoment/Widerstandsmoment M_B/W_B kann die Formzahl k_B für Biegung [72] bei der Berechnung mit der FEM ermittelt werden.

Bei Belastung des außermittigen Zapfens allein mit der Querkraft F_Q erhält man im Radiusbereich des Stempels eine Druckspannung, die fast gleich der Zugspannung ist. Das bedeutet, daß die Außermittigkeit und das Verhältnis D/d (D/d groß bei Druckspannung, klein bei Zugspannung) nur einen sehr geringen Einfluß auf die Formzahl k_B hat.

Bild 42b zeigt die Gegenüberstellung von Formzahlen für Biegung, die nach verschiedenen Verfahren berechnet wurden. Bei den Berechnungen nach Dietmann [72], Hütte [73] und Dubbel [74] wurde das mittlere Verhältnis D/d bei mittigem Zapfen einbezogen. Das Bild läßt erkennen, daß die mit unterschiedlichen Verfahren ermittelten Formzahlen stark differieren. Die Werte der FEM für außermittigen Zapfen liegen zwischen den ermittelten Werten.

Die Ermittlung der Beanspruchung des Stempels mit außermittigem Zapfen erfordert wie erwähnt die Kenntnis der Formzahl für Biegung. Um diese Formzahl systematisch zu ermitteln, wurden das BEM-Programm BETSY-AX1 und die Idealisierung in Bild 31b verwendet. Die Ergebnisse der Parameteruntersuchung bei reiner Biegemomentbelastung werden in Bild 43 dargestellt. Zum Vergleich werden auch die Werte von [72], [73] und [74] einbezogen. Die mit BETSY-AX1 ermittelten Werte sind gleich groß wie die von [72].

Bei Stempeln mit zwei und vier Zapfen (bei e = 8 mm) entfällt aufgrund der Symmetrieeigenschaft das Kippmoment und deswegen auch die Querkraft. Die Berechnungen von Stempeln mit zwei und vier Zapfen zeigen, daß die maximalen Beanspruchungen gleich wie im Falle eines Stempels mit mittigem Zapfen sind; d.h., daß die Anzahl von Zapfen keinen bedeutenden Einfluß auf die Formzahl für Druckbeanspruchung hat.

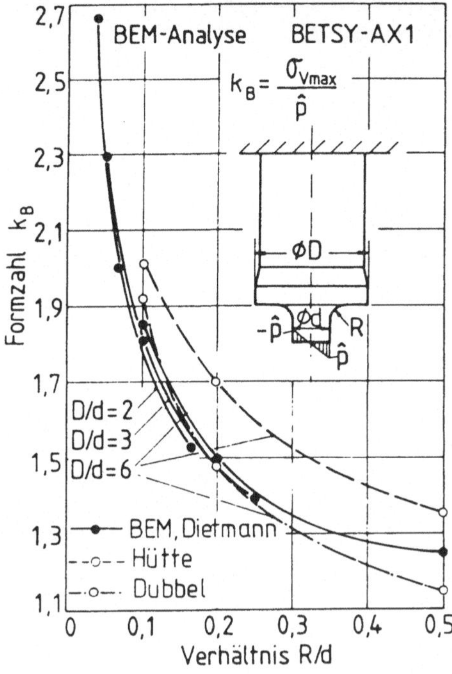

Bild 43: Gegenüberstellung von
Formzahlen für Biegung

7.2.2   Bohrung als Nebenformelement

Die Veränderung der Beanspruchung des Stempels mit mittiger Bohrung bei
4 verschiedenen Lastfällen, die die unterschiedlichen Arten des Radial-
drucks am Fließbund und der Reibung auf der Stirnfläche wiedergeben,
wird in Bild 44 dargestellt.

Die maximale Beanspruchung tritt sowohl bei der Berechnung mit der
GE-Hypothese als auch bei der Berechnung mit der Normalsp.-Hypothese am
Einlauf des Radius auf (Bild 44a). Diese maximale Druckbeanspruchung
nimmt mit Annäherung an die Symmetrieachse schnell ab. Im Bereich des
Bohrungsendes herrscht aufgrund des Biegeeffektes statt einer Druckbean-
spruchung nun eine Zugbeanspruchung.

Die Größe der maximalen Druckbeanspruchung bleibt bei den berechneten
Lastfällen unverändert (Bild 44b); d.h. der Radialdruck am Fließbund
und die Reibung auf der Stirnfläche haben keinen nennenswerten Einfluß
auf die maximale Beanspruchung im Radiusbereich.

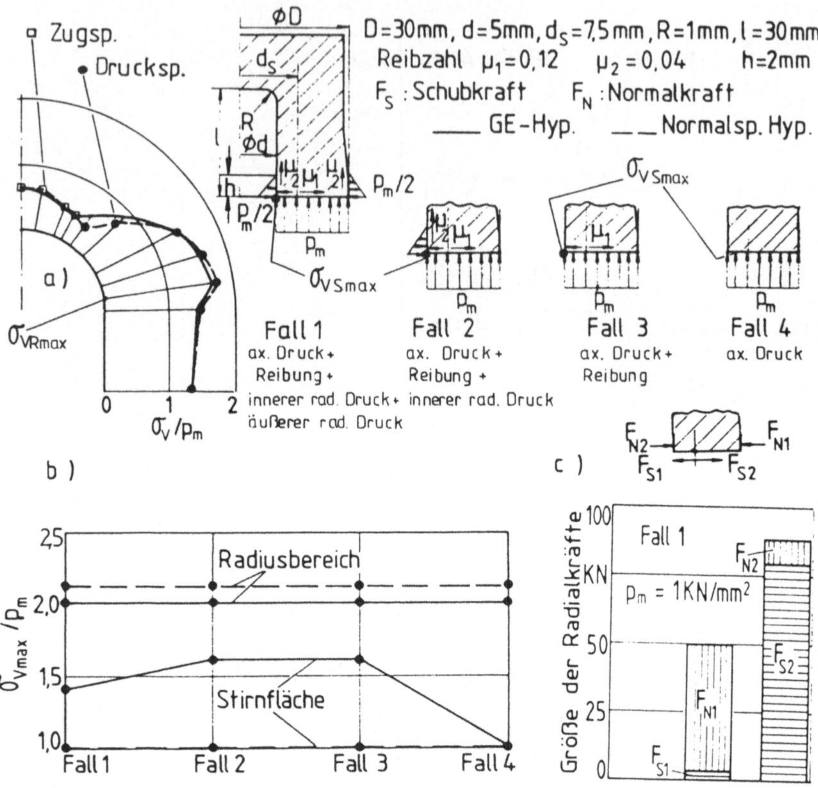

Bild 44: Beanspruchung eines Stempels mit mittiger Bohrung bei verschiedenen Belastungsannahmen

Auf der Stirnfläche selbst haben der Radialdruck und die Reibung einerseits keinen Einfluß auf die Vergleichsspannung bei Berechnung mit der Normalsp.-Hypothese, andererseits jedoch einen starken Einfluß bei Berechnung mit der GE-Hypothese. Die Stelle der maximalen Vergleichsspannung auf der Stirnfläche ist in Bild 44 gekennzeichnet. Bild 44c zeigt, daß durch die große Reibkraft F_{S2} insgesamt eine positive Radialkraft auftritt, die eine radiale und tangentiale Zugspannung am Rand der Bohrung hervorruft und die Vergleichsspannung nach der GE-Hypothese stark vergrößert (Fall 1,2,3). Diese Zugspannungen sind betragsmäßig kle ner als die mittlere Druckbelastung p_m, so daß die maximale Vergleichsspannung nach der Normalsp.-Hypothese unverändert den Wert von p_m annimmt (gestrichelte Linie $\sigma_{Vmax}/p_m = 1$ in Bild 44b).

7.2.2.1 Einfluß des Innenradius R, des Bohrungsdurchmessers d und der Bohrungslänge l

Die Ergebnisse in Bild 45 zeigen, daß - ähnlich wie im Fall des Stempels mit Zapfen als Nebenformelement - der Radius R den stärksten Einfluß auf die maximale Beanspruchung des Stempels mit Bohrung als Nebenformelement hat. Die maximale Vergleichsspannung im Radiusbereich nimmt umgekehrt proportional mit steigendem Verhältnis R/d ab.

Der Einfluß des Verhältnisses Stempeldurchmesser/Bohrungsdurchmesser D/d ist deutlicher erkennbar als im Fall des Stempels mit Zapfen als Nebenformelement bei einer Belastung, die nur auf die Zapfenstirnfläche wirkt. Die maximale Vergleichsspannung nimmt auch mit steigendem Verhältnis D/d zu.

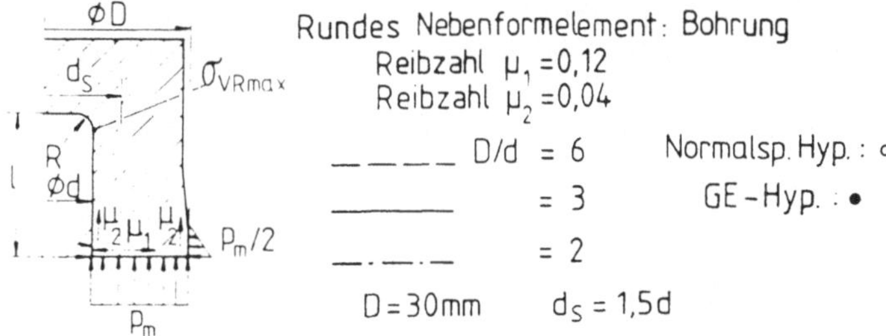

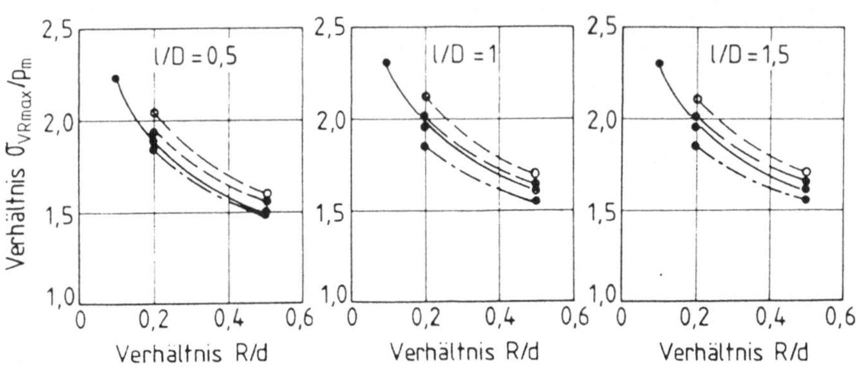

Bild 45: Einfluß des Einlaufradius, des Bohrungsdurchmessers und der Bohrungslänge auf die Beanspruchung eines Stempels mit mittiger Bohrung

Die Bohrungslänge hat einen geringen Einfluß auf die maximale Beanspruchung im Stempel. Die Vergleichsspannung bleibt unverändert beim Verkleinern des Verhältnisses l/d von 1,5 auf 1,0 und nimmt leicht ab beim nochmaligen Verkleinern von 1,0 auf 0,5. Diese Beobachtung kann mit dem Prinzip nach de Saint Venant erklärt werden, demzufolge der Einfluß der Krafteinleitungsart (Reibkraft) mit zunehmendem Abstand vom Ort der Krafteinleitung (Stempelstirnfläche) abnimmt. D.h. bei l/d <1 kann die Reibkraft auf der Stirnfläche die Druckspannungskonzentration im Radiusbereich noch vermindern, hingegen bei l/d >1 die Entlastungswirkung der Reibkraft praktisch vernachlässigbar ist.

7.2.2.2 Einfluß der Außermittigkeit e und der Anzahl der Bohrungen

Bild 46 zeigt den Einfluß der Außermittigkeit e auf die Beanspruchung eines Stempels mit außermittiger Bohrung bei einem Bohrungsdurchmesser von 5 mm und 10 mm. Die maximale Vergleichsspannung des Stempels nimmt linear mit steigender Außermittigkeit zu. Diese Zunahme ist jedoch so gering, daß sie vernachlässigbar ist.

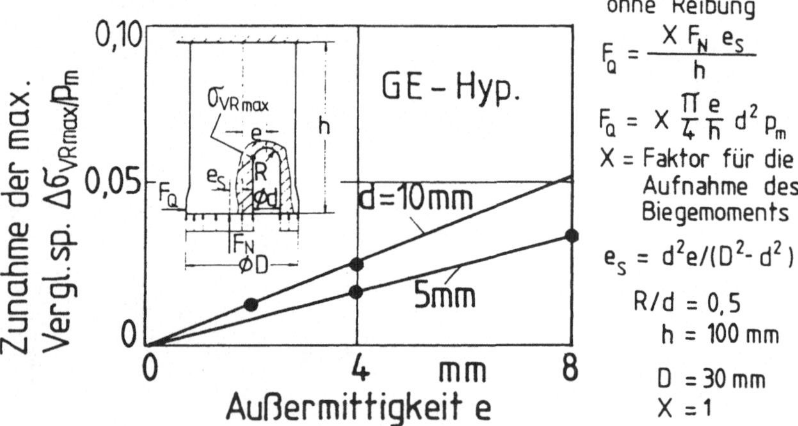

Bild 46: Einfluß der Außermittigkeit auf die Beanspruchung eines Stempels mit außermittiger Bohrung

Analog wie im Fall des Stempels mit Zapfen als Nebenformelement entfällt bei den Berechnungen von Stempeln mit zwei und vier Bohrungen (bei e = 8 mm) aufgrund der Symmetrieeigenschaft die Querkraft. Die Ergebnisse der Berechnungen zeigen, daß Stempel mit zwei und vier Bohrungen in gleicher Höhe beansprucht werden wie Stempel mit einer

Bohrung. Insgesamt haben die Außermittigkeit und die Anzahl der Bohrungen keinen bedeutenden Einfluß auf die Beanspruchung von Stempeln mit Bohrung als Nebenformelement.

7.3 Stempel mit nicht kreisförmigen Schaftquerschnitten

Bild 47 gibt einen Überblick über die Spannungsverteilung im betrachteten Ausschnitt des Stempels mit sechseckigem Schaftquerschnitt und kege-

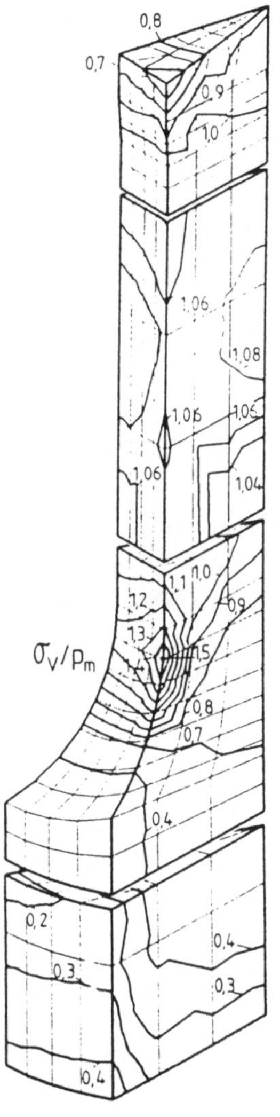

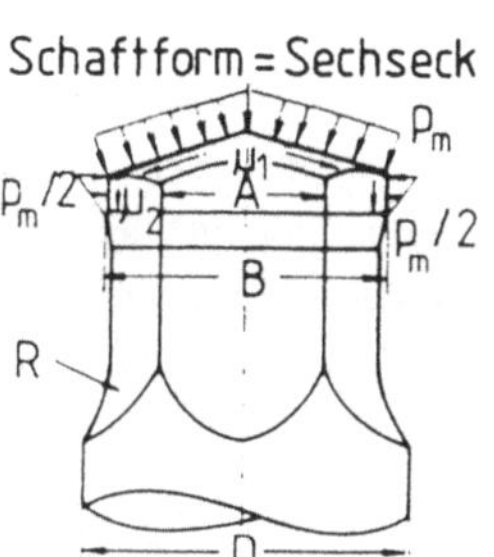

Reibzahl $\mu_1 = 0,12$
Reibzahl $\mu_2 = 0,04$
D = 30 mm
R = 10 mm
A = 10 mm
GE –Hyp.

Bild 47: Spannungsverteilung in einem
Stempel mit sechseckigem
Schaftquerschnitt

liger Kopfform. Dargestellt sind Linien gleicher relativer Vergleichsspannungen $\bar{\sigma}_V/p_m$ (nach der GE-Hypothese). Der Kopfteil, der Schaft und
der zylindrische Teil werden gering beansprucht. Die am stärksten beanspruchte Stelle liegt im Krümmungsbereich auf der Schnittkante zwischen
zwei benachbarten Sechskantflächen. Die maximale Beanspruchung beträgt
$1,5 \cdot p_m$.

7.3.1   Einfluß der Kopfform

Bild 48 stellt den Einfluß der Kopfform an einem Stempel mit sechseckigem und viereckigem Schaftquerschnitt dar. Qualitativ zeigen die Ergebnisse für die beiden Schaftquerschnitte äquivalente Verläufe. Untersucht wurden drei Kopfformen: flach, kegelig sowie flach-kegelig. Bei
der Berechnung mit der GE-Hypothese hat der Stempel mit kegeliger
Kopfform im Vergleich zu den beiden anderen Formen den kleinsten
Spannungswert auf der Mitte der Stirnfläche sowie am Hinterschliff und
aufgrund eines größeren Reibkraftanteils in axialer Richtung einen
geringfügig größeren Spannungswert im Radiusbereich. Die flache Kopfform wird ähnlich wie bei den Stempeln mit üblichen Kopfgeometrien
(s. Abschnitt 7.1) auf der Mitte der Stirnfläche - wegen der durch
Reibung hervorgerufenen tangentialen und radialen Zugspannung - am
stärksten beansprucht.

Bei der Berechnung mit der Normalsp.-Hypothese ist die maximale Vergleichsspannung auf der Stirnfläche unabhängig von der Kopfform und
beträgt p_m. Die nach der Normalsp.-Hypothese ermittelten maximalen
Vergleichsspannungen am Hinterschliff und im Radiusbereich sind gegenüber den nach der GE-Hypothese berechneten maximalen Vergleichsspannungen zu etwas größeren Werten hin verschoben.

Die Ergebnisse in Bild 48 lassen erkennen daß ähnlich wie im Fall von
Stempeln mit üblichen Kopfgeometrien die Kopfformen: kegelig bzw. flach-
kegelig zu bevorzugen sind. Die flache Kopfform soll beanspruchungsmä-
ßig möglichst vermieden werden.

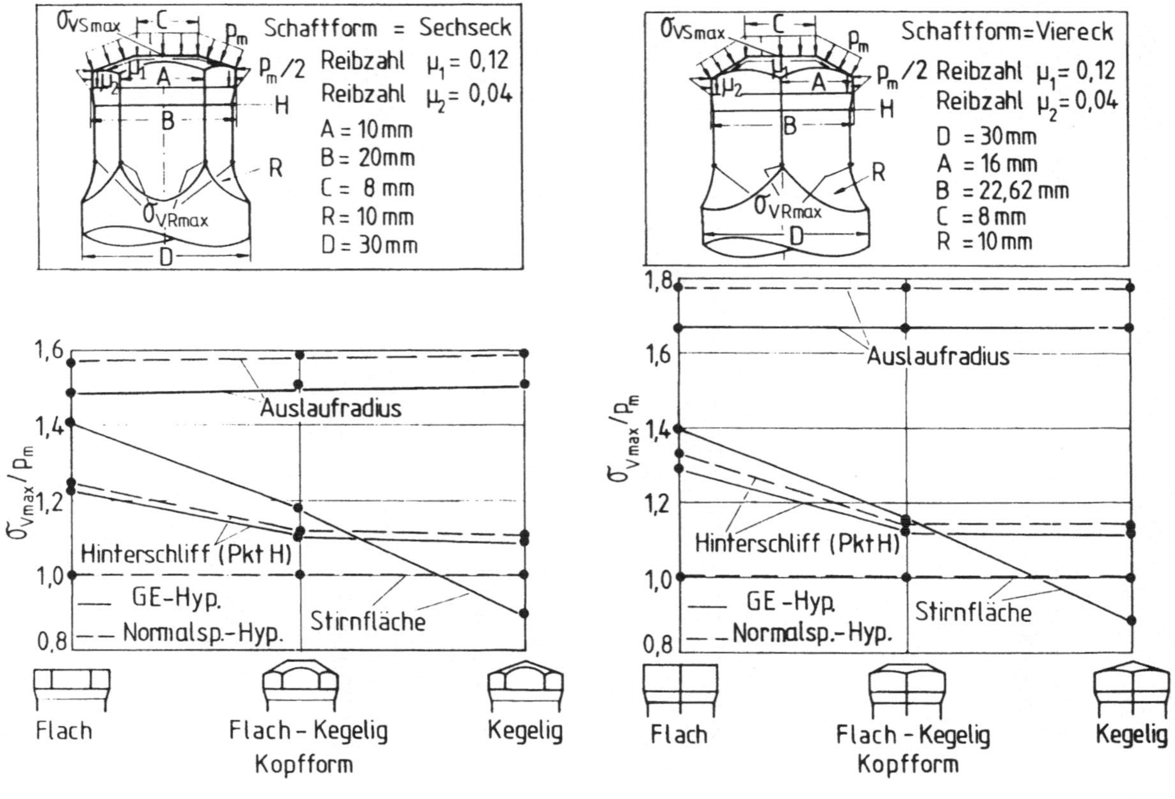

Bild 48: Einfluß der Kopfform an einem Stempel mit sechseckigem und viereckigem Schaftquerschnitt

7.3.2   Einfluß des Übergangsradius R und der Kantenlänge A

Die Bilder 49 und 50 stellen die Ergebnisse der Variation des Übergangsradius R und der Kantenlänge A an Stempeln mit dreieckigem, viereckigem, sechseckigem und zwölfeckigem Schaftquerschnitt dar. Zur Darstellung der Ergebnisse wird statt der Kantenlänge A die Größe B gewählt. B ist der Durchmesser desjenigen Kreises, der den Stempelkopf
umhüllt, vgl. Bild 49. Die Darstellung nach R/B und D/B führt zu
ähnlichen Zusammenhängen wie im Fall der Stempel mit runden Nebenformelementen. Bei anderen Darstellungen - wie z.B. nach R/D - sind die
Zusammenhänge schwieriger erkennbar.

Ähnlich wie im Fall von Stempeln mit runden Nebenformelementen hat der
Übergangsradius R den stärksten Einfluß auf die maximale Beanspruchung
von Stempeln mit nicht kreisförmigen Schaftquerschnitten. Die Vergleichsspannung nimmt umgekehrt proportional mit steigendem Verhältnis R/B ab. Die Abnahme ist umso größer, je weniger Kanten ein Schaftquerschnitt aufweist.

Der Einfluß der Kantenlänge ist kleiner als der des Übergangsradius.
Bei einem konstanten Verhältnis R/B nimmt die maximale Beanspruchung
mit steigendem Verhältnis D/B zu. Diese Zunahme hat jedoch bei großem
Verhältnis R/B keine Bedeutung.

7.3.3   Vergleich von Stempeln mit unterschiedlichen Schaftquer-schnitten

Die maximalen Beanspruchungen von Stempeln mit unterschiedlichen Schaftquerschnitten bei gleicher Querschnittsfläche S und bei gleichem Verhältnis D/B werden in Bild 51 gegenübergestellt. Zum Vergleich wurde
die Formzahl für Druck bei rundem Schaftquerschnitt (nach Dietmann [71]) auch im Bild eingetragen. Man erkennt, daß die maximale
Vergleichsspannung mit steigender Anzahl der Kanten umgekehrt proportional abnimmt; d.h. je mehr die Schaftform der Form des Kreises ähnelt,
desto günstiger ist die Stempelbeanspruchung. Dies kann wie folgt
erklärt werden: aus Bild 47 ist ersichtlich, daß die maximale Beanspruchung auf der Schnittkante zwischen zwei benachbarten Sechskantflächen
liegt. Je größer die Anzahl der Schnittkanten ist, desto gleichmäßiger
ist die Kraftverteilung, desto kleiner ist dann die Kraftkonzentration
an einer Kante. Diese Tendenz gilt für alle Radiusverhältnisse.

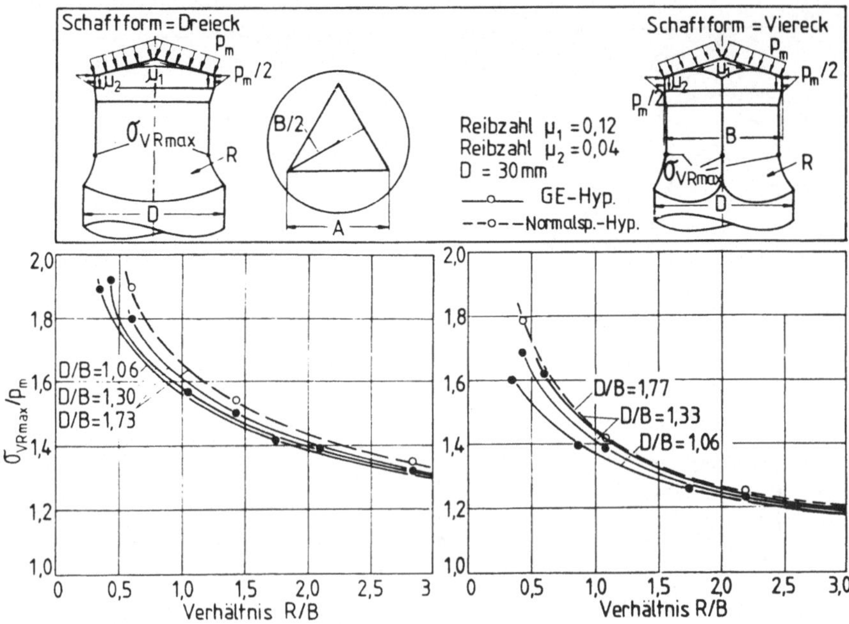

Bild 49: Einfluß des Übergangsradius und der Kantenlänge an Stempeln mit dreieckigem und viereckigem Schaftquerschnitt

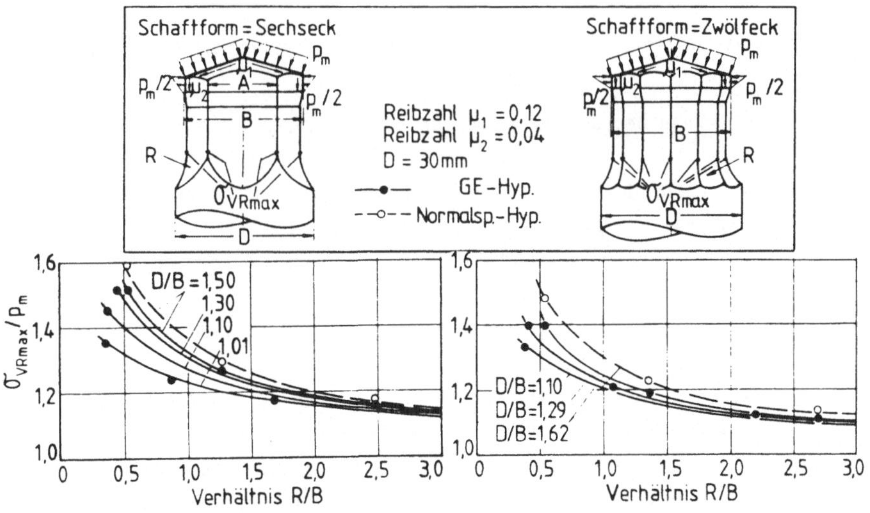

Bild 50: Einfluß des Übergangsradius und der Kantenlänge an Stempeln mit sechseckigem und zwölfeckigem Schaftquerschnitt

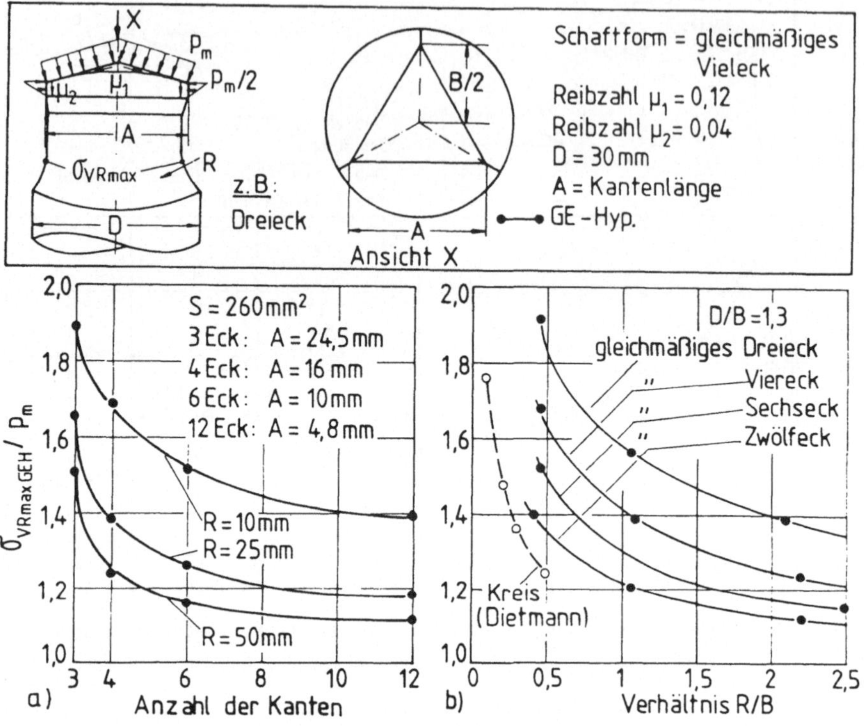

Bild 51: Vergleich von Stempeln mit unterschiedlichen Schaftquerschnitten

7.4 Abbau der Spannungsspitzen

Die Untersuchung des Abbaus der Spannungsspitzen konzentriert sich auf den Radiusbereich, da der Radius den stärksten Einfluß auf die in diesem Bereich auftretende maximale Vergleichsspannung hat.

Im Fall von Stempeln mit runden Nebenformelementen kann der Radius im Übergangsbereich aus Fertigungsgründen einen bestimmen Wert R_G nicht überschreiten. Dieser Grundwert kann h_1 oder h_2 sein (s. Bild 52). Die Werte h_1 und h_2 werden beispielsweise durch die notwendige Länge a bzw. b des Werkstücks bestimmt. Um in dem Teil des Radiusbereiches, in dem das Maximum der Vergleichsspannung liegt, den Radius über den Wert von R_G hinaus vergrößern zu können, muß der Radiusbereich in zwei Bereiche mit zwei verschiedenen Radien R_1 und R_2 aufgeteilt werden. Hierbei ist der eine größer und der andere kleiner als R_G. In Bild 52 ist der

Radius R_1 im Einlaufbereich größer als der Radius R_2 im Auslaufbereich gezeichnet.

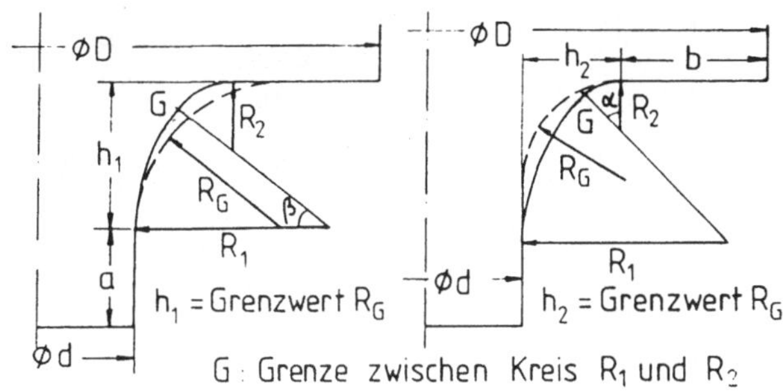

Bild 52: Aufteilung des Übergangsradius

Im Fall von Stempeln mit nicht kreisförmigen Schaftquerschnitten wurde der Einfluß einer Fase an den Eckkanten zwischen zwei benachbarten Mehrkantflächen untersucht.

7.4.1   Stempel mit Zapfen als Nebenformelement

Die Beanspruchung entlang des Radius eines Stempels mit Zapfen als Nebenformelement wurde in Bild 40 dargestellt.

Im Lastfall 2 (Druck auf die Zapfen- und Stempelstirnfläche) befindet sich der Punkt der maximalen Beanspruchung nach der GE-Hypothese im Auslaufbereich, während er nach der Normalsp.-Hypothese im Einlaufbereich liegt; d.h, daß eine Vergrößerung des Radius im Einlaufbereich zwar die maximale Vergleichsspannung nach der Normalsp.-Hypothese verringert, jedoch die maximale Vergleichsspannung nach der GE-Hypothese vergrößert, da der Auslaufradius gleichzeitig kleiner wird. Das Gegenteil gilt beim Vergrößern des Radius im Auslaufbereich. Aus diesem Grunde wurde für den Lastfall 2 auf die Untersuchung des Spannungsspitzenabbaus verzichtet.

Im Lastfall 1 (Druck nur auf die Zapfenstirnfläche) tritt die maximale Vergleichsspannung nach jeder der beiden Hypothesen am Einlauf des Übergangsradius auf. Für diesen Lastfall wird der Spannungsabbau durch Vergrößerung des Radius im Einlaufbereich untersucht. Bei der Untersuchung wird entweder der Abstand h_1 oder h_2 konstant gehalten, vgl. Bild 52.

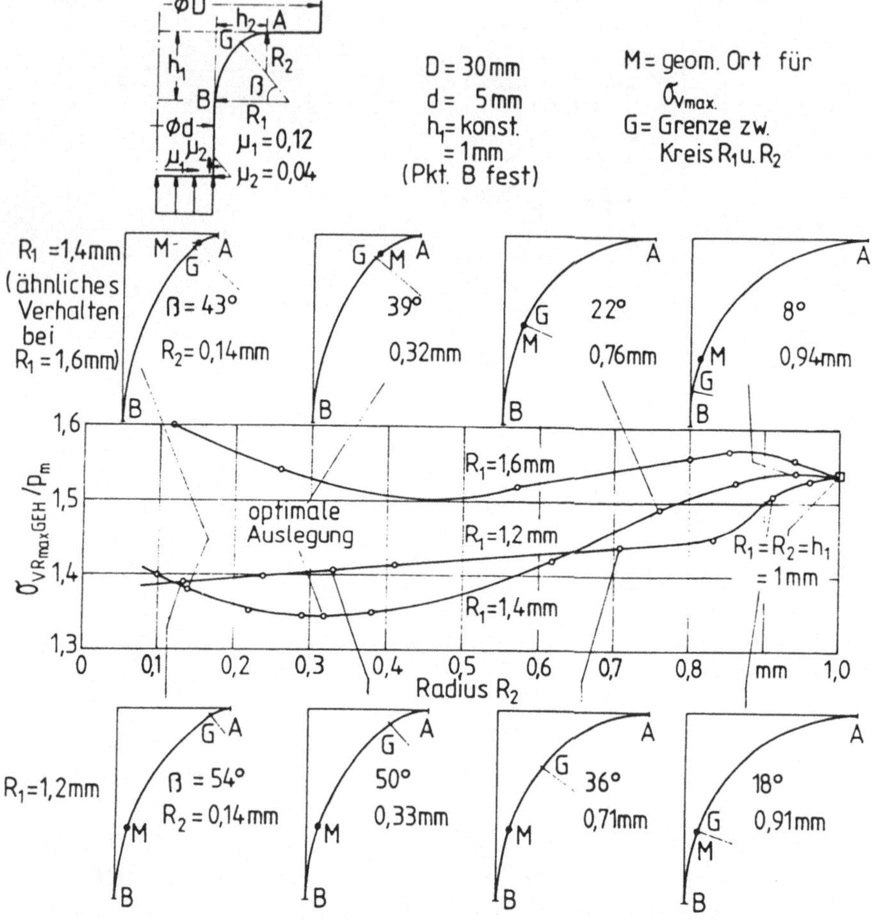

Bild 53: Maximale Vergleichsspannung an einem Stempel mit mittigen Zapfen in Abhängigkeit des Übergangsradius (h_1 = konstant)

Bild 53 zeigt das Ergebnis der Untersuchung bei konstantem Abstand h_1. Die Lage des Punktes B bleibt fest, während die Lage des Punktes A verändert wird. Zunächst setzt man für den Radius R_1 einen festen Wert ein und ändert den Kopplungswinkel ß (vgl. Bild 53). Zu jedem Winkel ß läßt sich eindeutig der Radius R_2 des Kreises bestimmen, der sowohl den Kreisbogen mit R_1 als auch die Stempelstirnfläche tangiert. Der - je nach Wahl von R_1 unterschiedliche - Verlauf der Vergleichsspannung in

Abhängigkeit von Radius R_2 wird in Bild 53 dargestellt. Die unterschiedliche Tendenz zwischen der Kurve für R_1 = 1,2 mm und den Kurven für R_1 = 1,4 mm und 1,6 mm läßt sich durch die unterschiedliche Lage des Ortes der maximalen Beanspruchung erklären. Bei R_1 = 1,2 mm liegt der Punkt der maximalen Beanspruchung im Kreisbogen von R_1. Eine Vergrößerung des Radius R_2 führt zu einer solchen Verkleinerung des Bereiches R_1, daß die Beanspruchung insgesamt größer wird. Bei R_1 = 1,4 mm und 1,6 mm befindet sich aufgrund des großen, günstigen Radius R_1 der Punkt der maximalen Vergleichsspannung nicht mehr im Bereich des Kreisbogens von R_1, sondern in dem von R_2. Die maximale Vergleichsspannung nimmt deswegen zunächst mit wachsendem Radius R_2 ab. Dann führt eine weitere Vergrößerung des Radius R_2 - ähnlich wie im Fall R_1 = 1,2 mm - zu einer Verkleinerung des Bereiches R_1, so daß die Beanspruchung ungünstiger wird. Die maximale Vergleichsspannung nimmt bei einer weiteren Vergrößerung des Radius R_2 zu und strebt gegen den Wert des Ausgangszustandes.

Die optimale Auslegung ist auf der Kurve für R_1 = 1,4 mm erkennbar. Der Radius R_2 beträgt beim optimalen Kopplungswinkel ß = 39° ca. 0,32 mm (Verhältnis $h_1/h_2 \approx 1,8$). Bei dieser optimalen Auslegung beträgt die maximale Vergleichsspannung ca. $1,35 \cdot p_m$, die im Vergleich zum Ausgangswert ($1,54 \cdot p_m$) eine Spannungsreduzierung von $0,19 \cdot p_m$ bewirkt.

Bild 54 zeigt das Ergebnis der Untersuchung bei konstantem Abstand h_2. Die Lage des Punktes A bleibt fest, während die Lage des Punktes B verändert wird. Ähnlich wie bei der letzten Untersuchung wird für den Radius R_2 ein fester Wert eingesetzt und der Kopplungswinkel $\propto$ - und damit auch der Radius R_1 - wird variiert. Die Kurven, die die Abhängigkeit der Spannungsspitze vom Radius R_1 darstellen, haben für verschiedene Werte von R_2 einen ähnlichen Verlauf. Sie haben für kleine Radien R_1 zunächst negative Steigung (die Spannungsspitze liegt im Radiusbereich von R_1). Beim Übergehen der Spannungsspitze in den Radiusbereich von R_2, wird die Steigung positiv. Die positive Steigung ist umso größer, je kleiner der Radius R_2 ist. Für die optimale Auslegung wird der Radius R_2 = 0,52 mm wegen der nicht zu großen positiven Steigung gewählt. Der Radius R_1 beträgt beim optimalen Kopplungswinkel $\propto$ = 58° - bzw. ß = 32° - ca. 3,78 mm. Das entspricht einem Verhältnis h_1/h_2 von ungefähr 2,2. Im Vergleich zum Ausgangsfall wird durch diese Auslegung eine erhebliche Spannungsminderung von ca. $0,45 \cdot p_m$ erreicht. Aus den Ergebnissen der obigen Untersuchungen (für Zapfendurchmesser d = 5 mm)

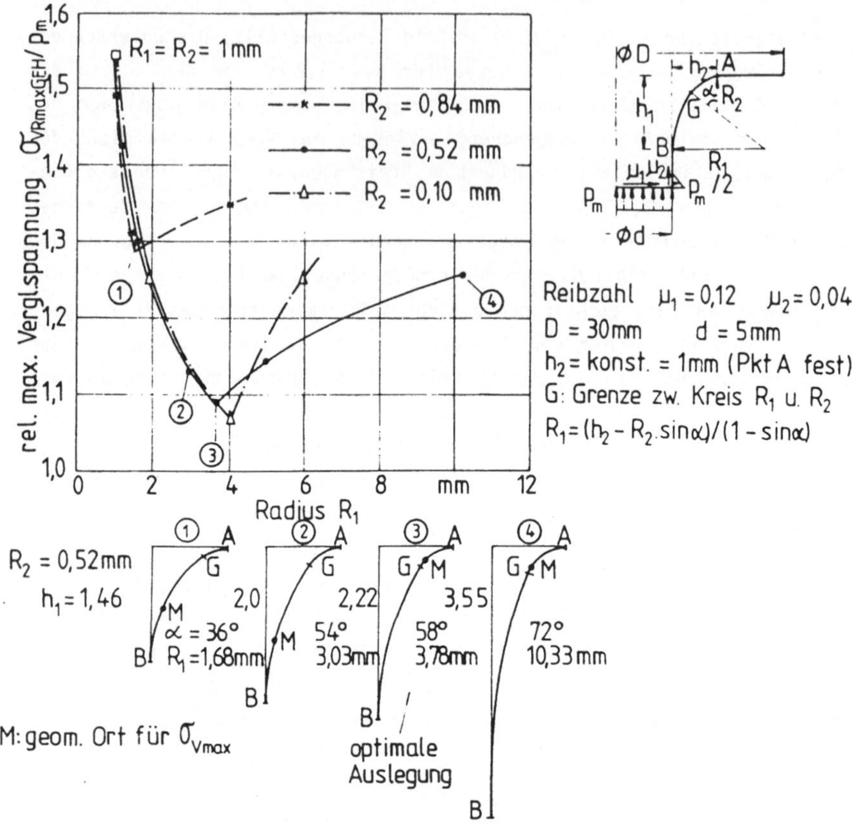

Bild 54: Maximale Vergleichsspannung an einem Stempel mit mittigen Zapfen in Abhängigkeit des Übergangsradius (h_2 = konstant)

und der ähnlichen Untersuchungen für d = 10 mm und 15 mm kann ein Optimierungsdiagramm - Bild 55 - erstellt werden. Die Eingabedaten lauten h_1/d bzw. h_2/d. Aus den abgelesenen Werten R_1/d und ß - und h_1/d wenn der Eingabewert h_2/d ist - wird der Wert R_2/d genau nach der im Bild 55 angegebenen Formel bestimmt. Mit der vorgeschlagenen Auslegung wird im Durchschnitt eine Vergleichsspannungsspitze erreicht, die ca. 91 % der maximalen Vergleichsspannung im Fall $R = h_1$ beträgt. Der Betrag der Spannungsminderung von 9 % gilt sowohl für die Druck- als auch für die Biegebeanspruchung. Das bedeutet, daß die vorgeschlagene Auslegung auch für Stempel mit außermittigem Zapfen gültig ist. Es ist auch zu erwähnen, daß die erreichte Spannungsminderung beim Vergleich mit der maximalen Vergleichsspannung bei $R = h_2$ wesentlich größer beträgt (29%).

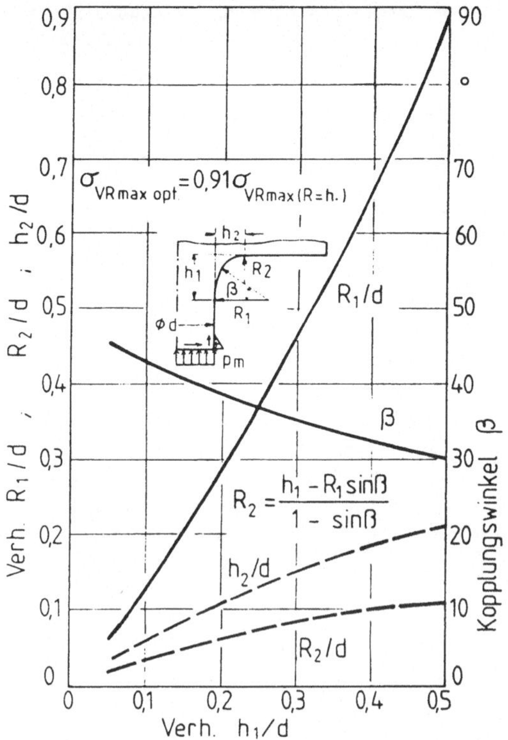

Bild 55: Optimierungsdiagramm für Stempel mit Zapfen als Nebenformelement bei Belastung nur auf die Zapfenstirnfläche

7.4.2 Stempel mit Bohrung als Nebenformelement

Bei der Untersuchung des Spannungsabbaus am Stempel mit Bohrung als
Nebenformelement wurde der Radius im Einlaufbereich vergrößert, da die
maximale Vergleichsspannung in diesem Bereich liegt. Im Fall von Stempeln mit Bohrung als Nebenformelement kommt nur eine Begrenzung des
Abstandes h_1 vor. Er wird bei der Untersuchung gleich 0,5 d, d und
1,5 d gesetzt. Bild 56 zeigt die Ergebnisse der Optimierungsuntersuchung beim Bohrungsdurchmesser d = 5 mm.

Ähnlich wie im Fall des Stempels mit Zapfen als Nebenformelement werden
für den Radius R_1 verschiedene feste Werte eingesetzt und der Kopplungswinkel ß - und damit der Radius R_2 - variiert. Dabei muß beachtet
werden, daß der Abstand h_2 nicht einen Wert größer als 0,5 d hat. Die

Kurven der maximalen Vergleichsspannung in Abhängigkeit vom Radius R_2 zeigen auch ähnliche Verläufe wie im Fall des Stempels mit Zapfen als Nebenformelement. Bei jedem Grenzwert h_1 kann eine optimale Auslegung gefunden werden. Diese ist bezüglich der Beanspruchung umso günstiger, je größer der Grenzwert h_1 wird.

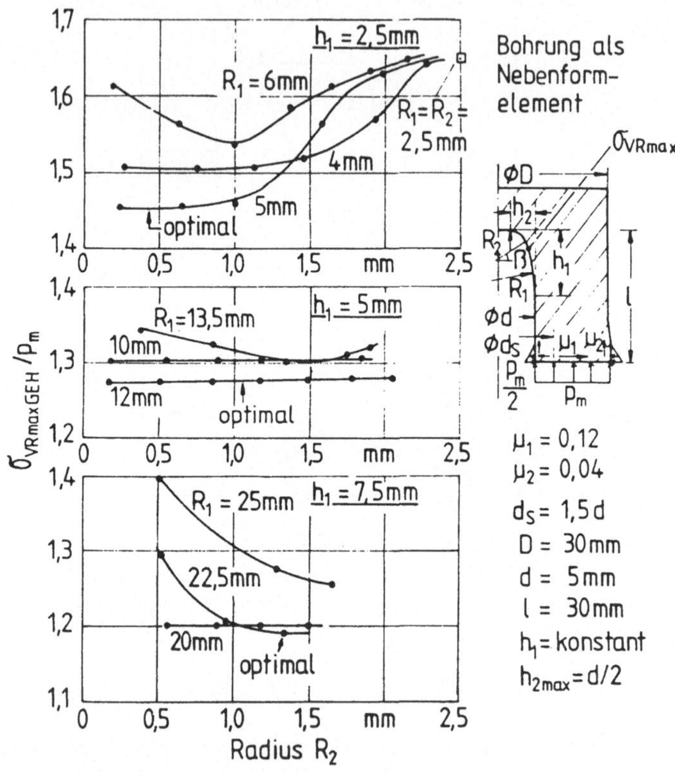

Bild 56: Maximale Vergleichsspannung an einem Stempel mit mittiger Bohrung in Abhängigkeit des Übergangsradius

Das Optimierungsdiagramm für Stempel mit Bohrung als Nebenformelement wird in Bild 57 dargestellt. Für einen zulässigen Abstand h_1 können die Werte des Radius R_1 und des Kopplungswinkels ß abgelesen werden. Der genaue Radius R_2 wird wieder entsprechend der im Bild angegebenen Formel gerechnet. Je nach Größe des zulässigen Abstandes h_1, kann im Vergleich zur Ausgangsspannung bei $R = d/2$ eine Spannungsminderung bis ca. 30 % erreicht werden.

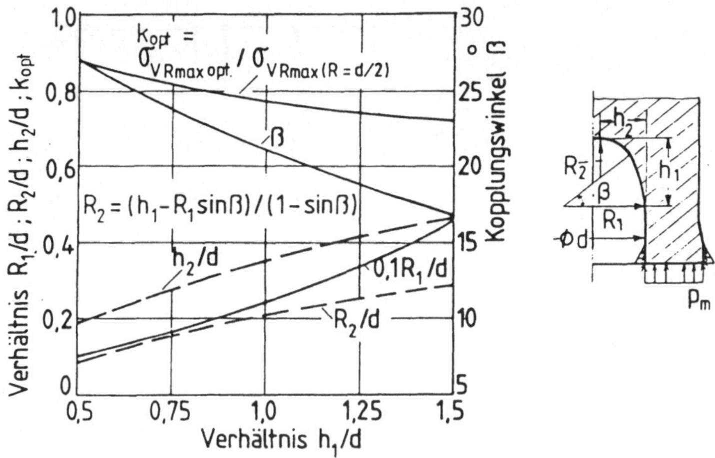

Bild 57: Optimierungsdiagramm für Stempel mit Bohrung als Nebenformelement

7.4.3   Stempel mit nicht kreisförmigen Schaftquerschnitten

Wie in Abschnitt 7.3 gezeigt wurde, befindet sich die maximale Vergleichsspannung bei Stempeln mit nicht kreisförmigen Schaftquerschnitten auf der Schnittkante zwischen zwei benachbarten Mehrkantflächen.
Daraus folgt die Überlegung, die maximale Vergleichsspannung auf dieser
scharfen Kante durch eine Fase zu verringern. Bei der Untersuchung der
Verminderung der maximalen Vergleichsspannung an Stempeln mit nicht
kreisförmigen Schaftquerschnitten wurde die Größe dieser Fase variiert.

Die Ergebnisse der Untersuchung an Stempeln mit dreieckigem, viereckigem und sechseckigem Schaftquerschnitt werden in Bild 58 dargestellt.
Die maximale Vergleichsspannung nimmt bei dreieckigem und viereckigem
Schaftquerschnitt hyperbolisch und bei sechseckigem Schaftquerschnitt
nahezu linear mit steigendem Verhältnis $\Delta A/A$ ab. Dabei zeigt sich, daß
die Spannungsminderung umso größer ist, je kleiner die Anzahl der
Kanten ist. Da die erreichte Spannungsminderung am Stempel mit sechseckigem Schaftquerschnitt schon sehr gering ist, wird auf eine Untersuchung am Stempel mit zwölfeckigem Schaftquerschnitt verzichtet. Die
absolute Kantenlänge - bzw. das Verhältnis D/B - hat nur einen geringen
Einfluß auf die Spannungsminderung: die Kurven der maximalen Vergleichsspannung für kleine Kantenlänge (durchgezogene Linie) und für
große Kantenlänge (gestrichelte Linie) haben beinahe parallele Verläufe.

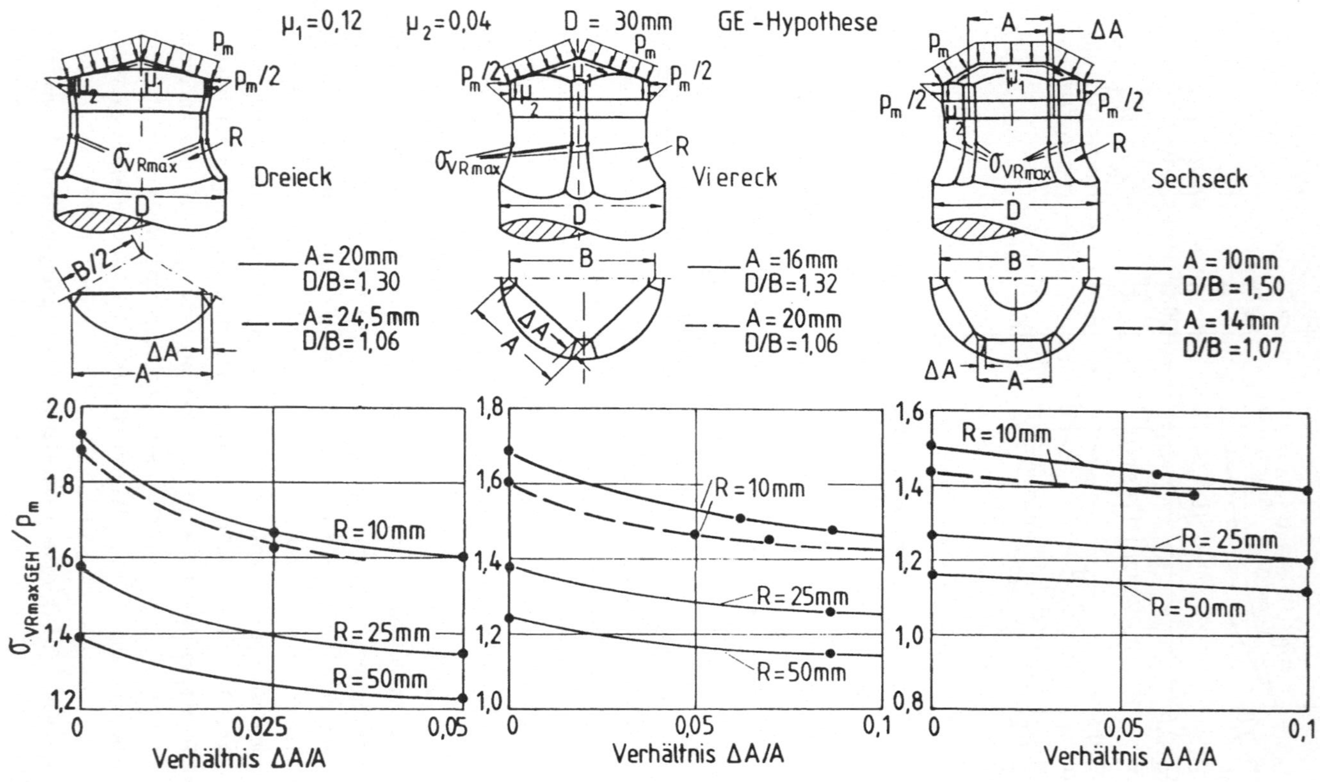

Bild 58: Einfluß einer Fase auf die Beanspruchung von Stempeln mit dreieckigem, viereckigem und sechseckigem Schaftquerschnitt

8   Berechnungsvorschriften für Stempel mit runden Nebenform-
         elementen/mit nicht kreisförmigen Schaftquerschnitten

8.1   Überblick

Bei den Berechnungsvorschriften für Stempel mit runden Nebenformelementen
und solchen mit nicht kreisförmigen Schaftquerschnitten kommen sowohl die
GE-Hypothese (duktiler Werkstoff) als auch die Normalsp.-Hypothese (spröder
Werkstoff) zur Anwendung. Die Berechnungsvorschriften bestehen aus Diagrammen,
die aus umfangreichen BEM-/FEM-Untersuchungen erstellt werden. Eine Zuordnung
der einzelnen Diagramme zu den zu ermittelnden Größen ist in Tabelle 10,
Abschnitt 8.3 zu finden. Die Diagramme sind im Anhang beigefügt (Bild A15
bis A22).

Berechnung nach der GE-Hypothese

Bei der Berechnung nach der GE-Hypothese an Stempeln mit Zapfen bzw.
Bohrung als Nebenformelement wurden Diagramme zur Bestimmung der maximalen Beanspruchung im Radiusbereich und auf der Stirnfläche erstellt. Im
allgemeinen ist die Beanspruchung im Radiusbereich größer als die auf
der Stirnfläche. Bei wachsendem Zapfen- bzw. Stempeldurchmesser kann
die Beanspruchung auf der Stirnfläche sehr groß sein und über der im
Radiusbereich liegen.

Bei Berechnung von Stempeln mit nicht kreisförmigen Schaftquerschnitten
wurde auf die Bestimmung der maximalen Beanspruchung auf der Stirnfläche verzichtet, da sie bei den üblichen ausgeführten kegeligen bzw.
flach-kegeligen Kopfformen nicht groß ist.

Die Bestimmung der maximalen Beanspruchung im Radiusbereich erfolgt
normalerweise anhand von zwei Diagrammen, die die Kerbformzahl für
Druck k_D und den Optimierungsfaktor k_{opt} für die Verminderung der
maximalen Beanspruchung wiedergeben. Bei Stempeln mit Zapfen als Nebenformelement im Belastungsfall 2 (Druck auf Zapfen- und Stempelstirnfläche) und mit Bohrung als Nebenformelement kommt noch ein Längenfaktor
k_1 für den Einfluß der Länge des Nebenformelements hinzu. Bei Stempeln
mit einem außermittigen Zapfen wird die Beanspruchungszunahme aufgrund
der Außermittigkeit durch den Anteil $E \cdot k_B$ berücksichtigt, wobei E den
Außermittigkeitsfaktor und k_B die Formzahl für Biegung darstellt. Die
Formzahl für Biegung k_B wird anhand eines erstellten Diagramms bestimmt

(s.Tabelle 10). Der Außermittigkeitsfaktor E wird wie folgt berechnet (Herleitung s. Bild A16):

$$E = 8 \cdot X \, \frac{e}{d} \, \frac{1-0,74 \, R}{h} \quad , \tag{54}$$

wobei e die Außermittigkeit, d den Zapfendurchmesser, 1 die Zapfenlänge und R den Übergangsradius darstellen. Der Faktor X für die Aufnahme des Biegemoments und die Länge h sind abhängig von der Werkzeugkonstruktion (s. Bild 26).

Für die maximale Vergleichsspannung im Radiusbereich gilt dann im allgemeinen Fall:

$$\sigma_{VRmaxGEH} = p_m \, (k_D + E \, k_B) \, k_1 \, k_{opt} \quad , \tag{55}$$

Die Bestimmung der maximalen Beanspruchung auf der Mitte der Stirnfläche erfolgt anhand eines erstellten Diagramms (s. Tabelle 10), das den Stirnfaktor k_S beschreibt. Es gilt:

$$\sigma_{VSmax \, GEH} = p_m \, k_S \quad . \tag{56}$$

Berechnung nach der Normalsp.-Hypothese

Bei Anwendung der Normalsp.-Hypothese ist die Bestimmung der maximalen Vergleichsspannung auf der Stirnfläche trivial, da sie gleich dem Wert der mittleren Druckbelastung p_m ist (maximale Normalspannung = p_m).

Die Bestimmung der maximalen Vergleichsspannung im Radiusbereich nach der Normalsp.-Hypothese erfolgt üblicherweise anhand des gleichen Wertes nach der GE-Hypothese $\sigma_{VRmaxGEH}$ und eines erstellten Diagramms (s. Tabelle 10), das den Normalspannungsfaktor k_N für das Verhältnis zwischen dem Wert der Normalssp.-Hypothese und dem der GE-Hypothese wiedergibt. Dieser Normalspannungsfaktor k_N ist abhängig vom Übergangsradius. Es gilt allgemein:

$$\sigma_{VRmaxNH} = \sigma_{VRmaxGEH} \, k_N \quad . \tag{57}$$

Bei Stempeln mit Zapfen als Nebenformelement im Belastungsfall 2 (Druck auf Zapfen- und Stempelstirnfläche) kann Gleichung (57) nicht verwendet werden, da die maximale Vergleichsspannung nach der GE- und nach der Normalsp.-Hypothese nicht an der gleichen Stelle auftreten (s. Abschnitt 7.2.1). Hier wird die maximale Beanspruchung im Radiusbereich anhand zwei Diagrammen bestimmt (s.Tabelle 10),die die Kerbformzahl für Druck k_D' und den Längenfaktor k_1' wiedergeben. Es gilt:

$$\sigma_{VRmaxNH} \text{ (Zapfen, Bel.2)} = p_m\, k_D'\, k_1' \quad . \qquad (58)$$

8.2 Ermittlung des mittleren Drucks p_m

Da die gesamten Untersuchungsergebnisse relativ zum mittleren Druck p_m auf die Stempelstirnfläche erstellt werden, beginnt der Berechnungsvorgang von Fließpreßstempeln mit der Ermittlung des mittleren Drucks p_m. Für die Bestimmung des mittleren Drucks p_m können aus der Literatur nachfolgende Quellen herangezogen werden:

1. VDI-Richtlinie 3185, Bl. 1 und 2 [34]:

In dieser Richtlinie wird ein Verfahren beschrieben, mit dem die beim Voll-Vorwärts-Fließpressen (Blatt 1) von Stahl bei Raumtemperatur auftretenden größten bezogenen Stempelkräfte bestimmt werden können. Eine aus Versuchswerten entwickelte Formel und ein daraus abgeleitetes Nomogramm werden vorgestellt. Das gleiche Verfahren für Napf-Rückwärts-Fließpressen wird in Blatt 2 dargestellt. Die größten bezogenen Stempelkräfte müssen jedoch hier aus den größten bezogenen Bodenkräften berechnet werden. Bei der Benutzung dieser Richtlinie ist die Kenntnis der Rohteilhärte (Brinellhärte) notwendig.

2. VDI-Richtlinie 3138, Bl. 2 [33]:

Diese Richtlinie enthält Hinweise für die Anwendung des Kaltfließpressens von Stählen und NE-Metallen wie Stadienpläne, Rohteilherstellung, Werkzeuge, Kraft- und Arbeitsbedarf und Maschinen. Im Abschnitt über Kraft- und Arbeitsbedarf werden Nomogramme zur Bestimmung der maximalen bezogenen Stempelkräfte für das Voll-Vorwärts-

Fließpressen der Werkstoffe 20 MnCr 5, Ck 35, 16 MnCr 5, 15 Cr 3, Ck 15, QSt 32-3 (Ma 8) und QSt 34-3 (Mbk 6) dargestellt. Dem Verfahren ist die Fließspannung der umzuformenden Werkstoffe zugrunde gelegt.

3. In der Arbeit von Kast [39] wurden experimentelle Untersuchungen an Stempeln mit mittiger Bohrung und mit nicht kreisförmigen Schaftquerschnitten durchgeführt. Anhang A13 zeigt die gemessenen maximalen bezogenen Stempelkräfte an verschiedenen Stempelköpfen gleicher Stirnfläche bei der Umformung der Werkstoffe Ck 35, 16 MnCr 5, 9 S 20 K, Ck 15, QSt 32-3 (Ma 8), AlZnMgCu 1,5 und Al 99,5. Es ist zu erkennen, daß außer dem rechteckigen Stempelkopf die Druckbelastung bei den anderen Stempelformen annähernd gleich ist.

4. Beim Napf-Rückwärts-Fließpressen ist die Ermittlung des mittleren Drucks mit Hilfe der obigen Unterlagen nicht mehr möglich, wenn die relative Querschnittsänderung ($\mathcal{E}_A$= Stempelstirnfläche/Rohteilstirnfläche) kleiner als 0,2 ist. Für diesen Fall (z.B. für Stempel mit Zapfen als Nebenformelement) können die in Anhang A14 dargestellten Schaubilder von Hoischen für Kalteinsenken mit Haltering [75] verwendet werden. Nach Hoischen ist der mittlere Druck p_m abhängig vom Verhältnis Einsenktiefe/Stempel- bzw. Zapfendurchmesser und von der Rohteilhärte.

Die dargestellten Verfahren liefern unterschiedliche Ergebnisse. Die Berechnungsbeispiele in Abschnitt 8.4 zeigen, daß bei Anwendung der VDI-Richtlinie 3138 der kleinste Wert des mittleren Drucks p_m ermittelt wird. Der nach der VDI-Richtlinie 3185 bestimmte Wert ist ca. 6 % größer und der Wert nach Kast ca. 14 % größer.

Außer den vier o.g. Quellen geben [68] (vlg. Bild 24) und [69] aus Berechnungen mit der FEM auch Anhaltspunkte für die Größe des mittleren Drucks beim Napf-Rückwärts-Fließpressen. Der mittlere Druck p_m bei einem Stempelweg gleich halbe Rohteilhöhe beträgt nach [68] ca. 8 k_{fo} und nach [69] ca. 6 k_{fo}. Dieser Unterschied ist auf die verschiedenen verwendeten Ansätze für die Werkstoffverfestigung und die verschiedenen Werkstückabmessungen zurückzuführen.

8.3 Ermittlung der Berechnungsfaktoren

Tabelle 10 stellt die einzelnen zu ermittelnden Berechnungsfaktoren für die verschiedenen Stempelformen und -versionen dar und weist auf die Bilder zur Ermittlung dieser Faktoren hin.

Bei Stempeln mit Zapfen als Nebenformelement im Belastungsfall 1 (Druck nur auf Zapfenstirnfläche) wird zwischen mittiger (1 Zapfen) bzw. symmetrischer (mehrere Zapfen) Zapfenanordnung und außermittiger Zapfenanordnung unterschieden (s. Anhang A 15 und A 16). Während im ersten Fall keine Querkräfte auf die Zapfen wirken, sind sie im letzteren Fall vorhanden und bewirken eine Spannungszunahme im Radiusbereich, die durch den Anteil E k_B beschrieben wird (s. Abschnitt 8.1). Der Optimierungsfaktor k_{opt} beträgt 1 im Fall ohne Optimierung bzw. 0,91 bei der Auslegung des Radiusbereiches nach dem Optimierungsvorschlag in Bild 55. Bei Berechnung mit Übergangsbereichsoptimierung werden die Formzahlen für Druck und Biegung (k_D und k_B)und der Außermittigkeitsfaktor E mit einem Radius R, der gleich dem Grenzwert h_1 gesetzt wird,ermittelt.

Für Stempel mit Zapfen als Nebenformelement im Belastungsfall 2 (Druck auf Zapfen- und Stempelstirnfläche, Anhang A 17) ist nur die maximale Beanspruchung im Radiusbereich zu ermitteln, da die maximale Beanspruchung auf der Stirnfläche viel kleiner ist. Die zur Bestimmung der maximalen Beanspruchung im Radiusbereich notwendige Formzahl für Druck und der Längenfaktor unterscheiden sich je nach angewandter Vergleichsspannungshypothese. Der Optimierungsfaktor k_{opt} entfällt (bzw. beträgt 1), da für diesen Fall keine sinnvolle Optimierungsuntersuchung durchgeführt werden konnte (s. Abschnitt 7.4.1).

Für Stempel mit Bohrung als Nebenformelement stehen die Diagramme in Anhang A 18 zur Verfügung. Die Optimierung wurde für einen Grenzwert $h_1 > d/2$ durchgeführt. Der Optimierungsfaktor k_{opt} nimmt mit wachsendem Verhältnis h_1/d ab. Bei Berechnung mit Optimierung wird die Formzahl für Druck k_D mit dem Radius R = d/2 ermittelt.

Die Berechnungsschaubilder für Stempel mit dreieckigem, viereckigem,

Tabelle 10: Bilder zur Ermittlung der Berechnungsfaktoren für Stempel

Stempel-form	Versionen			$\dfrac{\sigma_{VRmaxGEH}}{p_m}$	$\dfrac{\sigma_{VSmaxGEH}}{p_m}$	$\dfrac{\sigma_{VRmaxNH}}{\sigma_{VRmaxGEH}}$	Bild im Anhang	Teilbild a	b	c	d	e
Zapfen als NE	Bel. 1	Mittig bzw. symmetr.	o.O.	k_D	k_s	k_N	A15	k_D	k_{opt} = 0,91	k_s	k_N	–
			m.O	$k_D\, k_{opt}$ $(R = h_1)$								
		Außer-mittig	o.O.	$k_D + E\,k_B$	k_s	k_N	A15	k_D	k_{opt} = 0,91	k_s	k_N	–
			m.O.	$(k_D + E\,k_B)\,k_{opt}$ $(R = h_1)$			A16	E, k_B	–	–	–	–
	Bel. 2	Mittig	o.O	$k_D\quad k_1$	–	$\dfrac{k_D' \cdot k_1'}{k_D \cdot k_1}$	A17	k_D	k_1	k_D'	k_1'	–
Bohrung als NE		Mittig od. außerm.	o.O.	$k_D\quad k_1$	k_s	k_N	A18	k_D	k_1	k_{opt}	k_s	k_N
			m.O.	$k_D\, k_1\, k_{opt}$ $(R = d/2)$								
nicht kreisf. Schaft-quer-schnitt	3-Eck	Mittig	o.O.	$k_D\quad k_{opt}$	–	k_N	A19	k_D, k_N	k_{opt}	–	–	–
	4-Eck		bzw.	$k_D\quad k_{opt}$	–	k_N	A20	k_D, k_N	k_{opt}	–	–	–
	6-Eck		m.O	$k_D\quad k_{opt}$	–	k_N	A21	k_D, k_N	k_{opt}	–	–	–
	12-Eck		o.O	k_D	–	k_N	A22	k_D, k_N	–	–	–	–

o.O.: ohne Optimierung   Bel 1: Druck nur auf Zapfenstirnfläche   NE: Nebenformelement

m.O.: mit Optimierung   Bel 2: Druck auf Zapfen- und Stempelstirnfläche

sechseckigem und zwölfeckigem Schaftquerschnitt gehen aus Anhang A 19 bis A 22 hervor. Der Optimierungsfaktor k_{opt} für den Einfluß einer Fase kann bei Stempeln mit zwölfeckigem Schaftquerschnitt gleich 1 gesetzt werden.

8.4 Rechenbeispiele

Die Benutzung der in den Abschnitten zuvor dargestellten Berechnungsvorschriften soll anhand von Rechenbeispielen verdeutlicht werden. Als Rechenbeispiele werden Stempel mit außermittigem Zapfen, Stempel mit Bohrung als Nebenformelement und Stempel mit dreieckigem Schaftquerschnitt gewählt. Tabelle 11 zeigt die Daten der Rechenbeispiele.

Die Ergebnisse der Berechnung werden in Tabelle 12 dargestellt.

Aus den Ergebnissen ist erkennbar, daß die maximale Beanspruchung bei allen Stempeln im Radiusbereich liegt. Bei dem Beispiel des Stempels mit außermittigem Zapfen ist die Spannungszunahme aufgrund der Außermittigkeit gering. Die Optimierung hat am Stempel mit außermittigem Zapfen die maximale Vergleichsspannung um 9 % verringert, am Stempel mit Bohrung um 18 % und am Stempel mit dreieckigem Schaftquerschnitt um 13 %. Zur weiteren Verringerung dieser maximalen Vergleichsspannung muß der Übergangsradius R bzw. der zulässige Abstand h_1 noch vergrößert werden.

Tabelle 11: Daten der Rechenbeispiele für verschiedene Stempelköpfe

Größe / Stempelversion	a) außermittiger Zapfen als NE	b) Bohrung als NE	c) dreieckiger Schaftquerschnitt
Rohteildurchmesser D_o	40 mm	40 mm	40 mm
Rohteilhöhe H_o	30 mm	30 mm	30 mm
Werkstoff	Ck 15	Ck 15	Ck 15
Härte des Werkstoffes	120 HB	120 HB	120 HB
Durchmesser D	40 mm	30 mm	38 mm
Durchmesser d	8 mm	10 mm	—
Länge l	4 mm	30 mm	—
Radius R	2 mm	5 mm	50 mm
Außermittigkeit e	4 mm	—	—
Kantenlänge A	—	—	32 mm
Max. zulässiger Abstand h_1	2 mm	7,5 mm	—
Fasenlänge ΔA	—	—	1,5 mm
angenommene Werte f. die Berechnung d. Außerm.-faktor E — X	0,5	—	—
angenommene Werte f. die Berechnung d. Außerm.-faktor E — h	100 mm	—	—

NE: Nebenformelement

Tabelle 12: Ergebnisse der Berechnung der Beispiele in Tabelle 11

Ermittelte Werte			außerm. Zapfen als NE	Bohrung als NE	dreieck. Schaftquerschnitt
Berechnungsfaktoren nach Bild			A15, A16	A18	A19
Mittlerer Druck p_m in N/mm^2	VDI 3185 [34]		—	(ε = 0,5) 2000*	(ε = 0,35) 2000
	VDI 3138 [33]		—	1870	1900
	Kast [39], A13		—	2130	2170*
	Hoischen [74], A14		(s/d = 0,25) 1800*	—	—
Radiusbereich	Formzahl für Druck k_D		(bei R = 2 mm) 1,47	(bei R = 5 mm) 1,6	1,48
	Außermittigkeitsfaktor E		0,05	(0)	(0)
	Formz.f.Biegung k_B		1,30	–	–
	Zunahme f.d. Außerm. E k_B		0,065	(0)	(0)
	Längenfaktor k_1		(1)	1	(1)
	Optimierungsfaktor k_{opt}		0,91	0,82	0,87
	Optim.- auslegung	R_1 in mm	3	17	—
		β in ^{o}	37	23	—
		R_2 in mm	0,5	1,4	—
	Normalsp.faktor k_N		1,1	1,02	1,05
Stirnflächenfaktor k_s			1,22	1,15	—
$\sigma_{VRmaxGEH}$ in N/mm²			2515	2624	2794
$\sigma_{VSmaxGEH}$ in N/mm²			2196	2300	—
$\sigma_{VRmaxNH}$ in N/mm²			2766	2676	2934

*: gewählter Wert von p_m für die Berechnung
( ): Werte, die nicht ermittelt, sondern direkt eingesetzt werden.
NE: Nebenformelement

In der vorliegenden Arbeit wurden mit Hilfe der Finite-Elemente-Methode und der Boundary-Elemente-Methode der beanspruchungsmindernde Effekt einer axialen Vorspannung bei einfach armierten Fließpreßmatrizen mit abgesetzter Bohrung und der Spannungszustand in Fließpreßstempeln mit runden Nebenformelementen/mit nicht kreisförmigen Schaftquerschnitten untersucht.

Bei der Untersuchung der <u>axial vorgespannten Fließpreßmatrizen</u> wurden zunächst die Berechnungsvorschriften für die axiale Vorspannung erstellt, die die Größe der axialen Vorspannung und ihre Verminderung während der Betrieblast beschreiben. Das Aufbringen einer axialen Vorspannung ist nur sinnvoll, wenn die Vorspannkraft bei Betriebsbelastung nicht verschwindet bzw. ein nicht zu geringer Betrag der Vorspannkraft erhalten bleibt.

Die Gegenüberstellung der ungeteilten und geteilten Matrize bei verschiedenen axialen Vorspannungen, Innendrücken und Schulteröffnungswinkeln läßt einen deutlichen Vorteil der letztgenannten Ausführung erkennen. Die maximale Beanspruchung der geteilten Matrize liegt nicht im Radiusbereich - wie im Fall der ungeteilten Matrize -, sondern im oberen, zylindrischen Teil.

Anhand von zahlreichen Finite-Elemente-Rechenläufen wurden dann die Einflüsse wesentlicher Belastungs- und Auslegungsparameter an Matrizenverbänden mit geteilten Matrizen bestimmt und veranschaulicht. Starken Einfluß auf die maximale Beanspruchung im oberen, zylindrischen Teil der Matrize haben der Betriebsinnendruck, das relative Haftmaß, das Gesamtdurchmesserverhältnis und die Breite der Auflagefläche zwischen den beiden Teilen der geteilten Matrize. Die maximale Beanspruchung in der Matrize ist umso niedriger, je kleiner die Auflagefläche ist. Allerdings darf die Breite der Auflagefläche wegen der aufzubringenden Vorspannkraft nicht zu klein gewählt werden, um eine plastische Verformung zu vermeiden.

Die einfache Anwendung der gefundenen Zusammenhänge zur Berechnung von axial vorgespannten Fließpreßmatrizen erfolgt anhand von zwei Berechnungsschaubildern für die Ermittlung der Ausgangsspannungswerte und mehreren Diagrammen für die Korrektur dieser Ausgangsspannungswerte gemäß den entsprechenden Geometrie- und Belastungsverhältnissen. Für die Berechnung des Außenrings steht eine 2. Methode zur Verfügung. Ihre Hilfsmittel sind das Nomogramm nach Krämer [17] und zwei Ergänzungsdiagramme. Die Ergebnisse der zweiten Methode sind etwas kleiner als die der ersten.

Die Überprüfung der Berechnungsmethode durch FEM-Vergleichsrechnungen hat die Genauigkeit des Verfahrens bestätigt. Bei Berücksichtigung aller Korrekturbeiwerte ist eine maximale Abweichung von den mit der FEM berechneten Werten in der Größenordnung von weniger als 10 % zu erwarten.

Die Untersuchung von Fließpreßstempeln erfolgte an Stempeln mit üblichen Kopfgeometrien, Stempeln mit kreisrunden Nebenformelementen und Stempeln mit nicht kreisförmigen Schaftquerschnitten.

Die Untersuchung an Stempeln mit üblichen Kopfgeometrien diente nur dazu, eine Vergleichsbasis für Stempel mit Geometrien, die von dieser Normalform abweichen, zu schaffen. Bei Stempeln mit üblichen Kopfgeometrien hat die Kopfform einen bedeutenden Einfluß auf die maximale Beanspruchung. Im Vergleich zu Stempeln mit kegeliger bzw. flach und kegeliger Kopfform wird der Stempel mit flacher Kopfform am stärksten beansprucht. Die flache Kopfform sollte deshalb nach Möglichkeit vermieden werden.

Das Ergebnis der Parameteruntersuchung an Stempeln mit kreisrunden Nebenformelementen - wobei das Nebenformelement als Zapfen oder als Bohrung ausgeführt sein kann - zeigt, daß der Übergangsradius den stärksten Einfluß auf die maximale Beanspruchung hat. An Stempeln mit nicht symmetrischer Zapfenanordnung wird die maximale Beanspruchung im Radiusbereich noch durch die Außermittigkeit der Zapfen erhöht.

Auch bei Stempeln mit nicht kreisförmigen Schaftquerschnitten hat der Übergangsradius den größten Einfluß auf die maximale Vergleichsspannung. Die Gegenüberstellung von Stempeln mit unterschiedlichen Schaftquerschnitten läßt erkennen, daß die maximale Vergleichsspannung mit steigender Zahl der Kanten hyperbolisch abnimmt.

Die Untersuchung des Abbaus der Spannungsspitzen konzentrierte sich auf den Übergangsbereich, da der Radius im Übergangsbereich den stärksten Einfluß auf die maximale Vergleichsspannung hat. Im Fall von Stempeln mit runden Nebenformelementen wurde der Radiusbereich in zwei Bereiche mit zwei verschiedenen Radien aufgeteilt. Im Fall von Stempeln mit nicht kreisförmigen Schaftquerschnitten wurde eine Fase an der Schnittkante zwischen zwei benachbarten Mehrkantflächen angenommen. Durch diese Auslegungen kann die maximale Vergleichsspannung in Abhängigkeit von den Geometrieverhältnissen z.T. wesentlich vermindert werden.

Die Berechnungsvorschriften für Stempel mit Geometrien, die von der Normalform abweichen, basieren auf der Ermittlung des mittleren Drucks auf die Stempelstirnfläche und der Bestimmung der verschiedenen Faktoren, die die Kerbformzahl, den Einfluß der Länge und der Außermittigkeit des Nebenformelements sowie der Optimierung beschreiben. Bei den Berechnungsvorschriften kamen sowohl die Gestaltänderungsenergiehypothese als auch die Normalspannungshypothese zur Anwendung.

Anhang

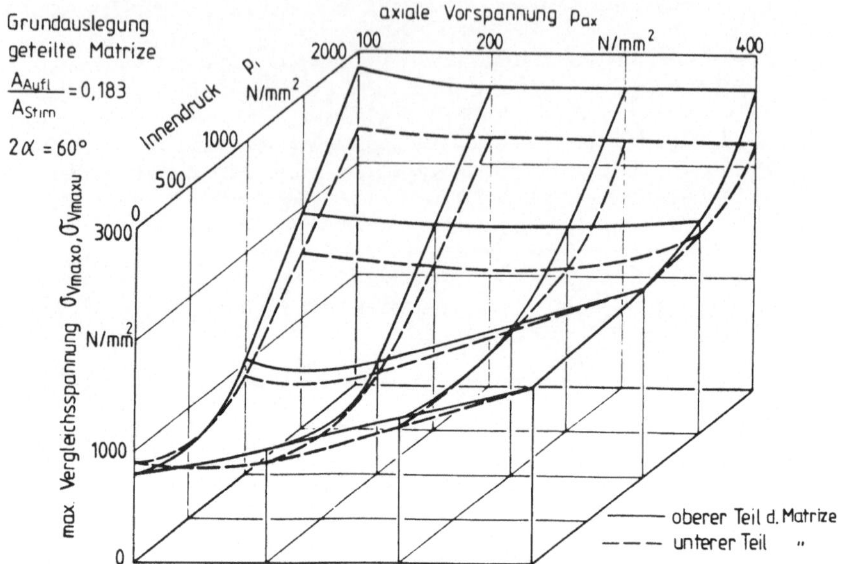

Bild A1: Ausgangsspannungswerte der Matrize mit Schulteröffnungswinkel $2\alpha = 60°$

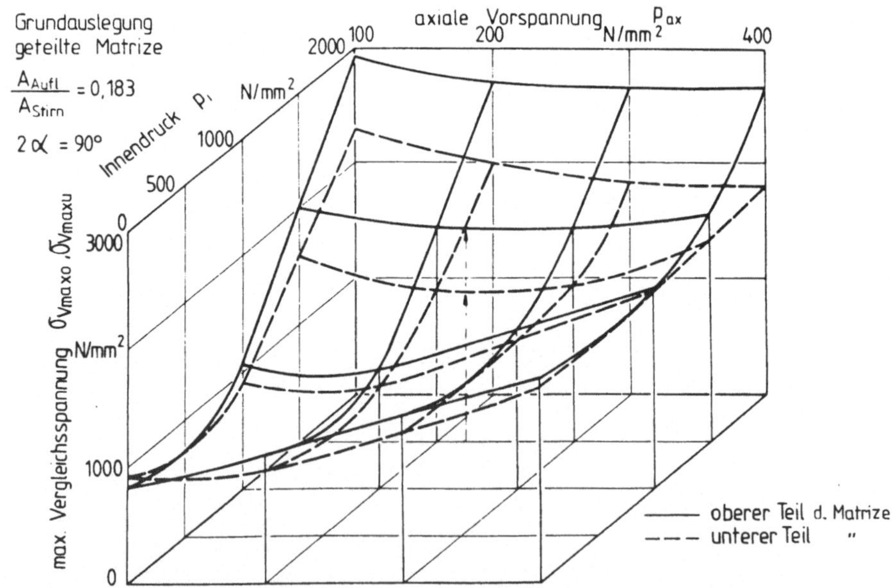

Bild A2: Ausgangsspannungswerte der Matrize mit Schulteröffnungswinkel $2\alpha = 90°$

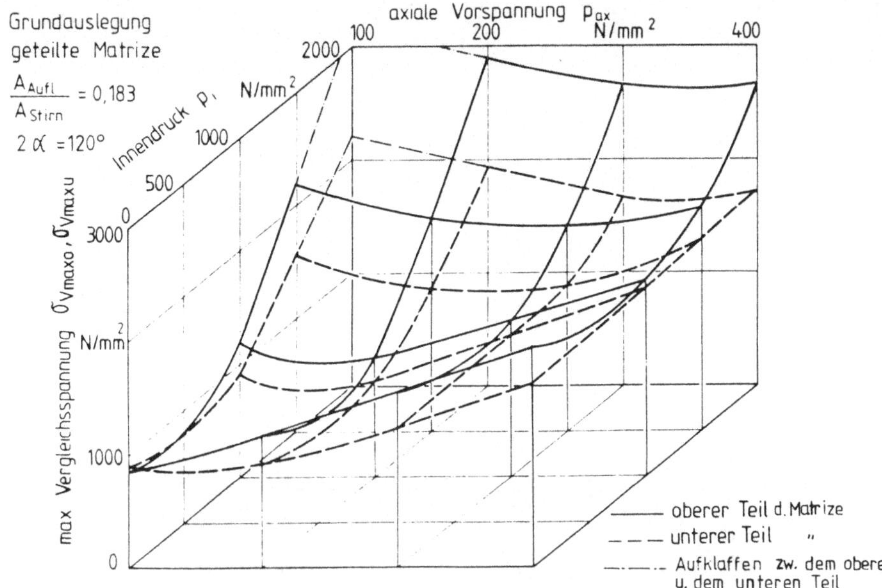

Bild A3: Ausgangsspannungswerte der Matrize mit Schulteröffnungswinkel $2\alpha = 120°$

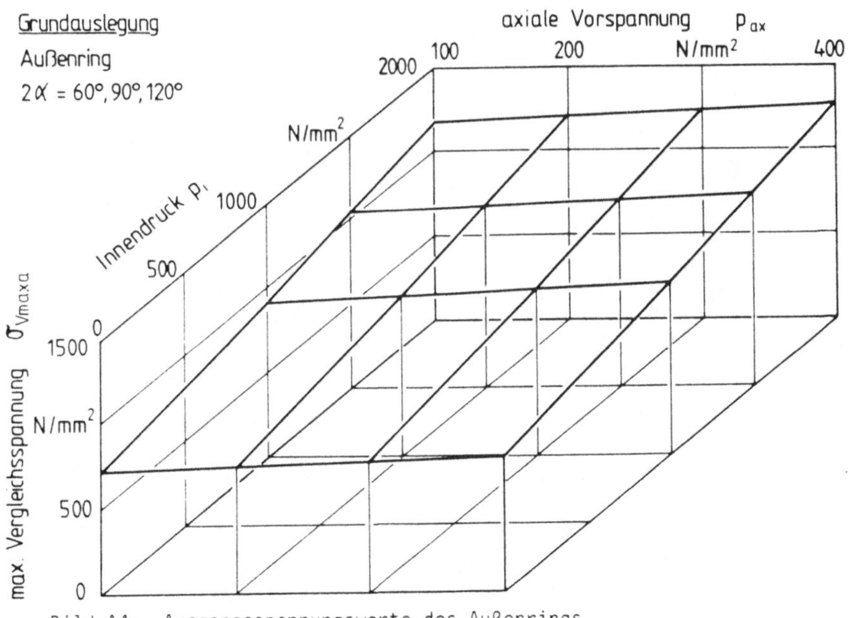

Bild A4: Ausgangsspannungswerte des Außenrings

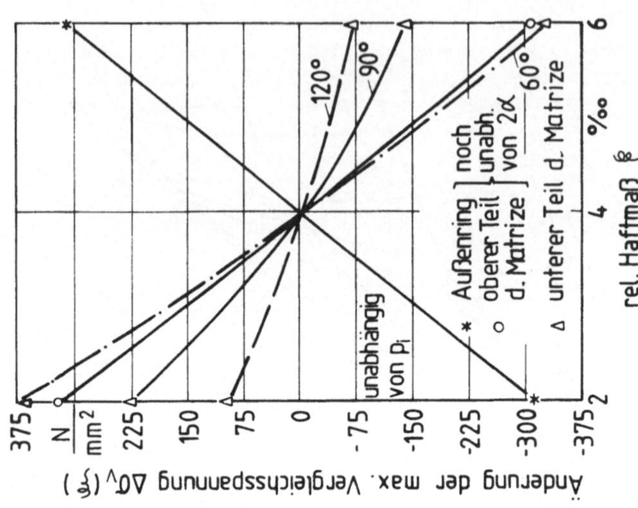

Bild A6: Korrekturbeiwert $\Delta\sigma_V(\xi)$ für das relative Haftmaß ξ

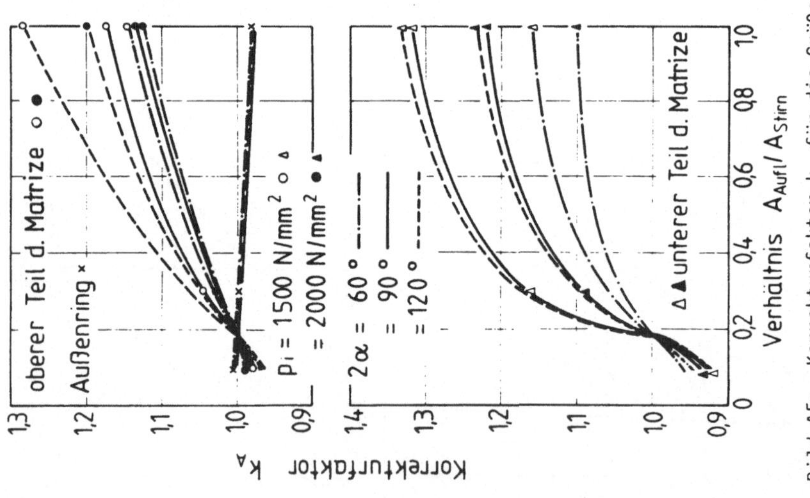

Bild A5: Korrekturfaktor k_A für die Größe der Auflagefläche

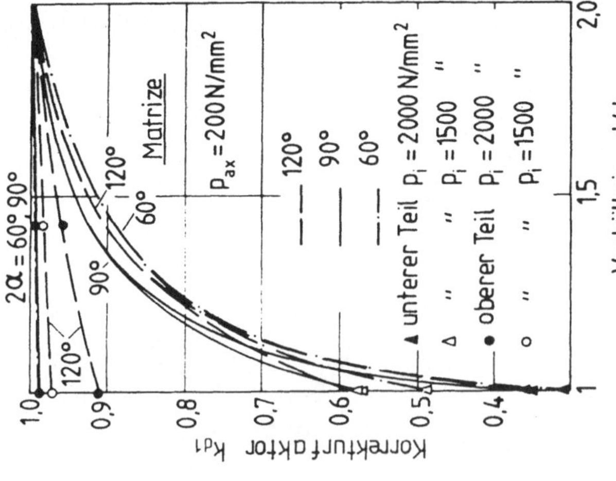

Bild A8: Korrekturfaktor k_{d_1} für das Verhältnis Rohteildurchmesser/Schaftdurchmesser d/d_1

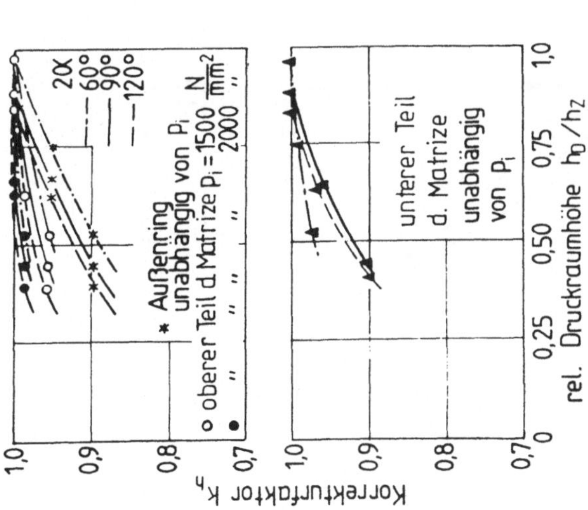

Bild A7: Korrekturfaktor k_h für die relative Druckraumhöhe h_D/h_Z

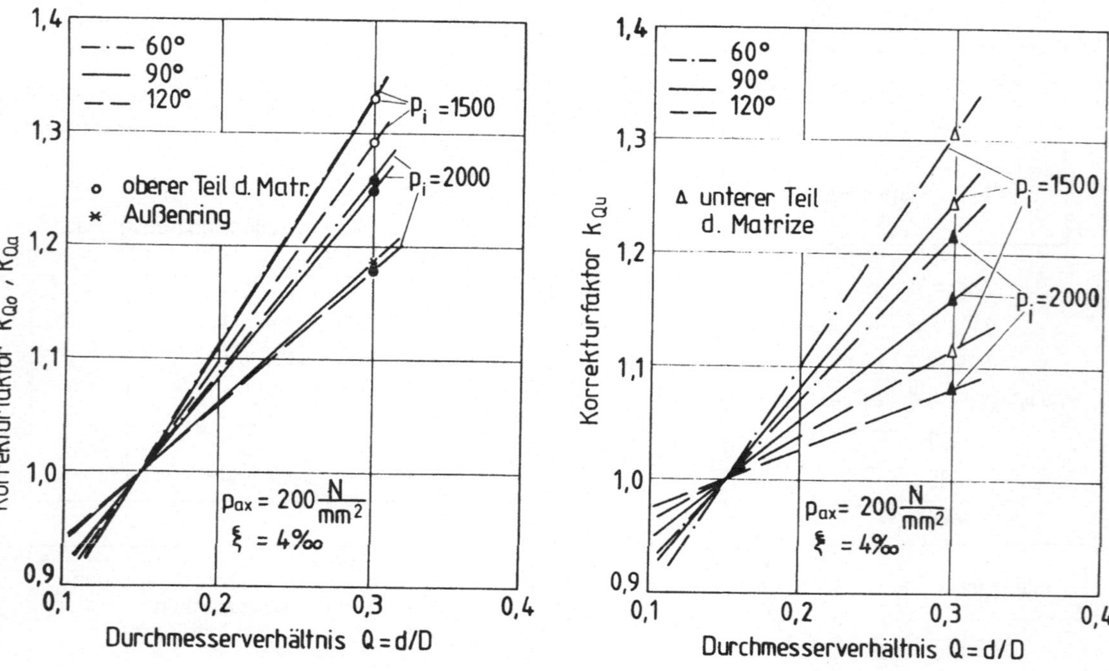

Bild A9:   Korrekturfaktor k_Q für das Gesamtdurchmesserverhältnis Q = d/D

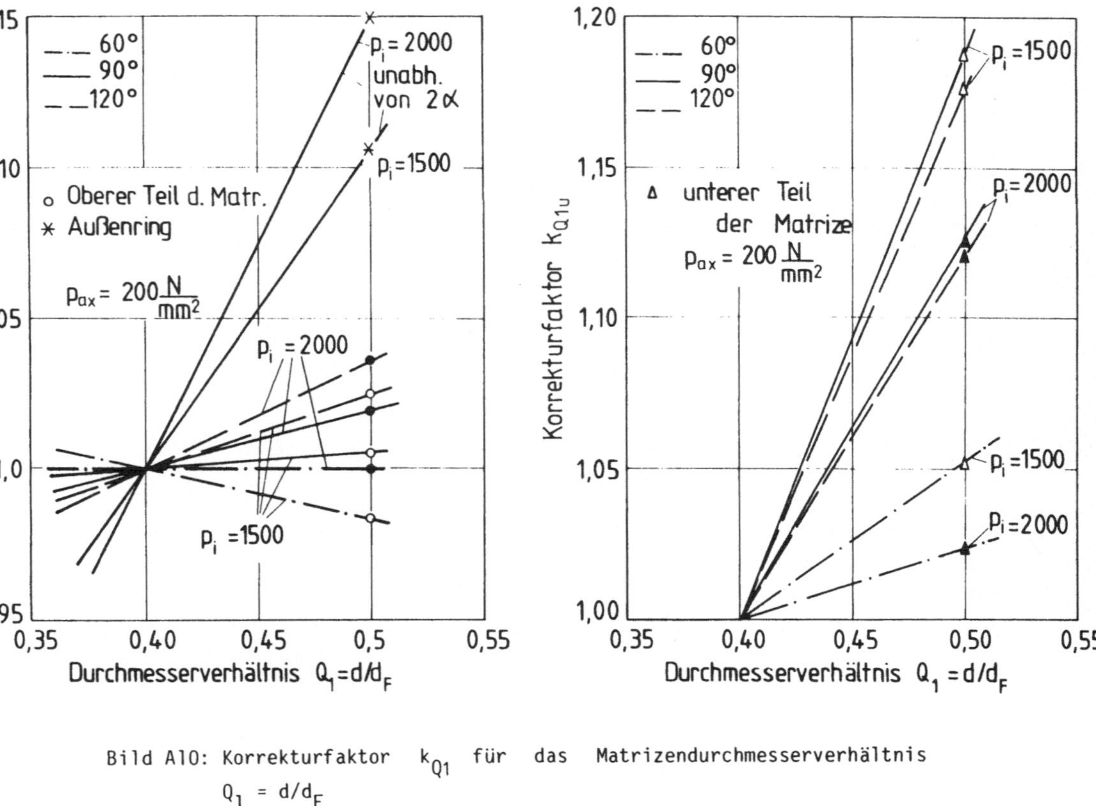

Bild A10: Korrekturfaktor k_{Q1} für das Matrizendurchmesserverhältnis $Q_1 = d/d_F$

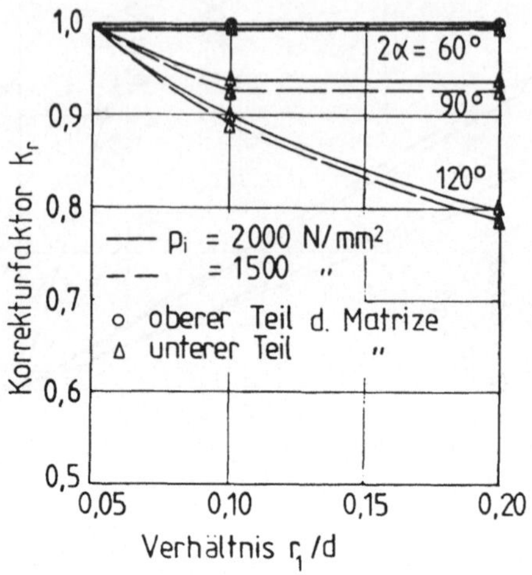

Bild A11: Korrekturfaktor k_r für das Verhältnis Schultereinlaufradius/Rohteildurchmesser r_1/d

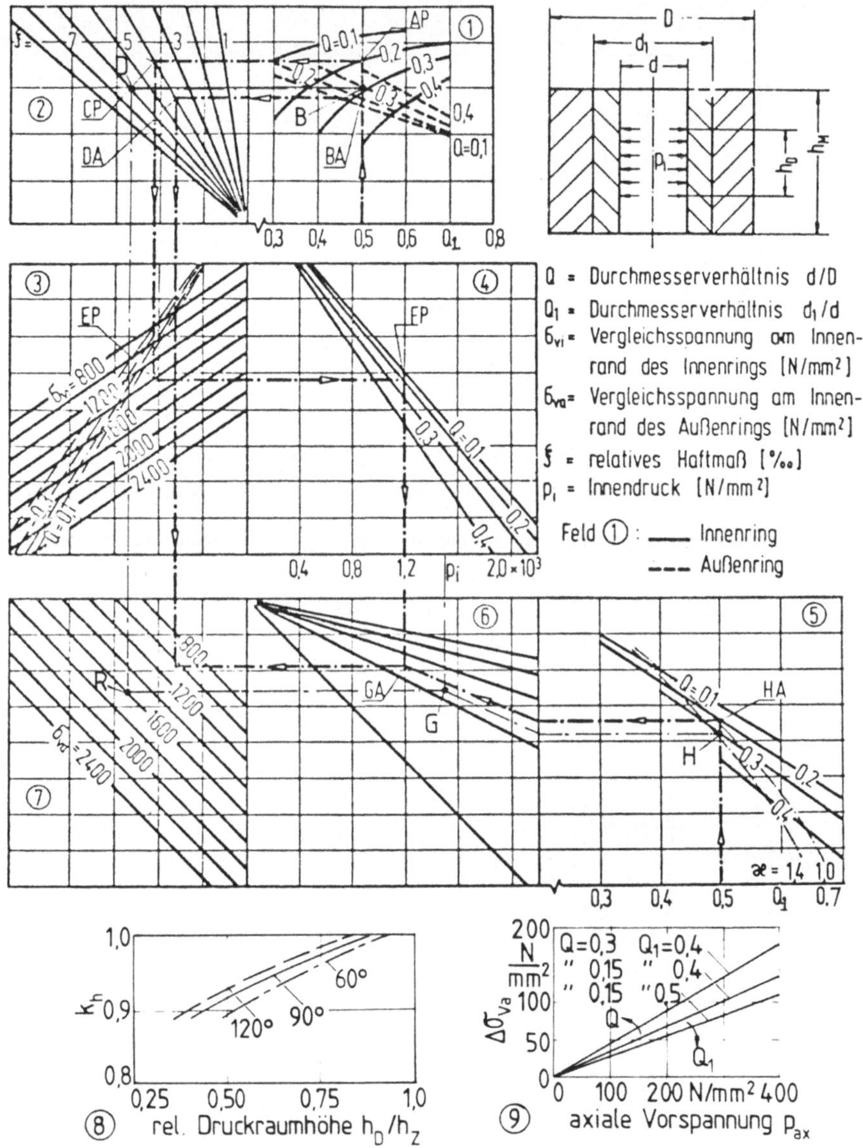

Bild A12: Nomogramm nach Krämer [17] mit zwei Ergänzungsdiagrammen zur Auslegung des Außenringes

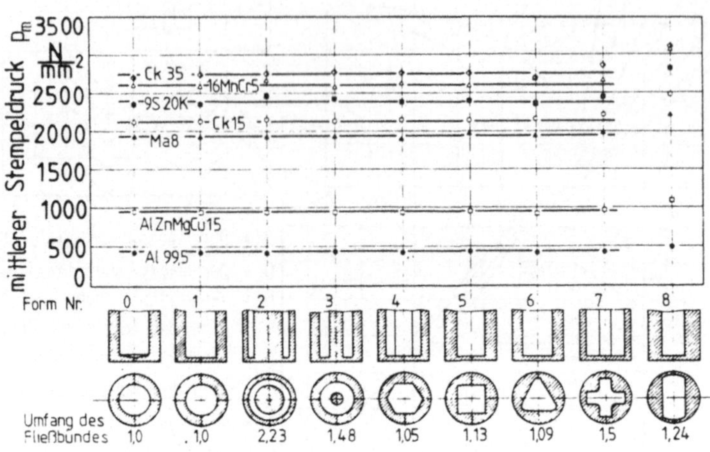

Bild A13: Mittlere Druckbeanspruchung an Stempeln mit Bohrung als Nebenformelement und mit nicht kreisförmigen Schaftquerschnitten
(nach Kast [39], Rohteildurchmesser = 40 mm, relative Querschnittsänderung = 0,39)

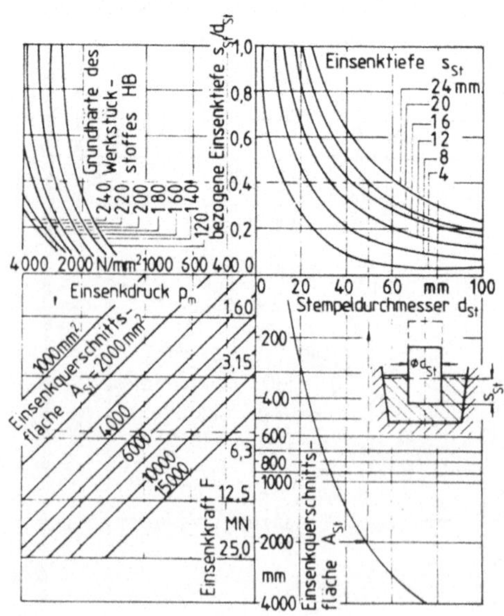

Bild A14: Schaubilder für die
Ermittlung der mitt-
leren Druckbeanspru-
chung beim Kaltein-
senken mit Haltering
nach Hoischen [74] .

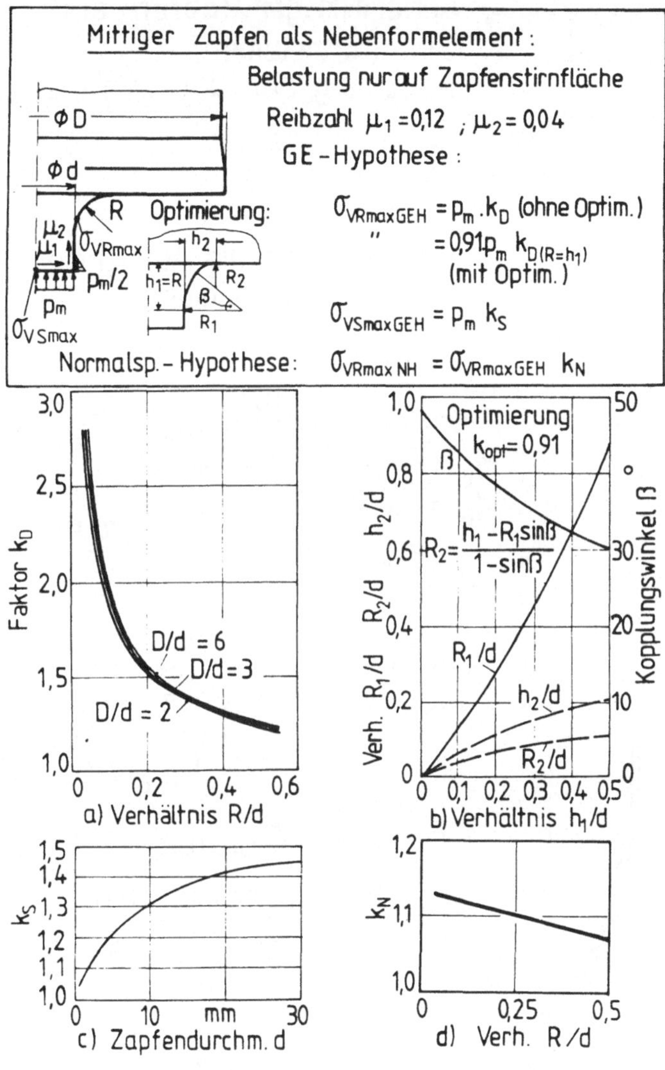

Bild A15: Berechnungsschaubilder für Stempel mit mittiger bzw. symmetrischer Zapfenanordnung bei Belastung nur auf die Zapfenstirnfläche

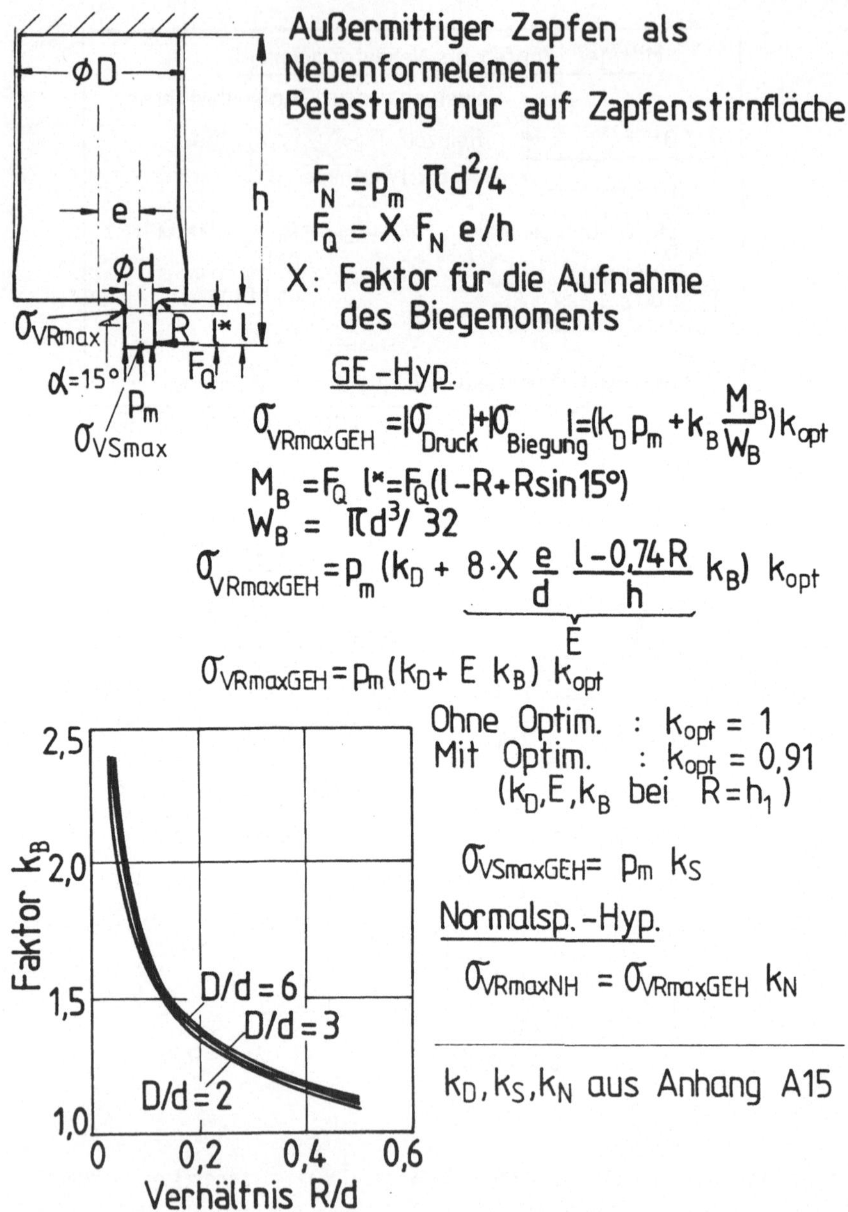

Bild A16: Berechnungsvorschriften für Stempel mit außermittiger Zapfen-anordnung bei Belastung nur auf die Zapfenstirnfläche

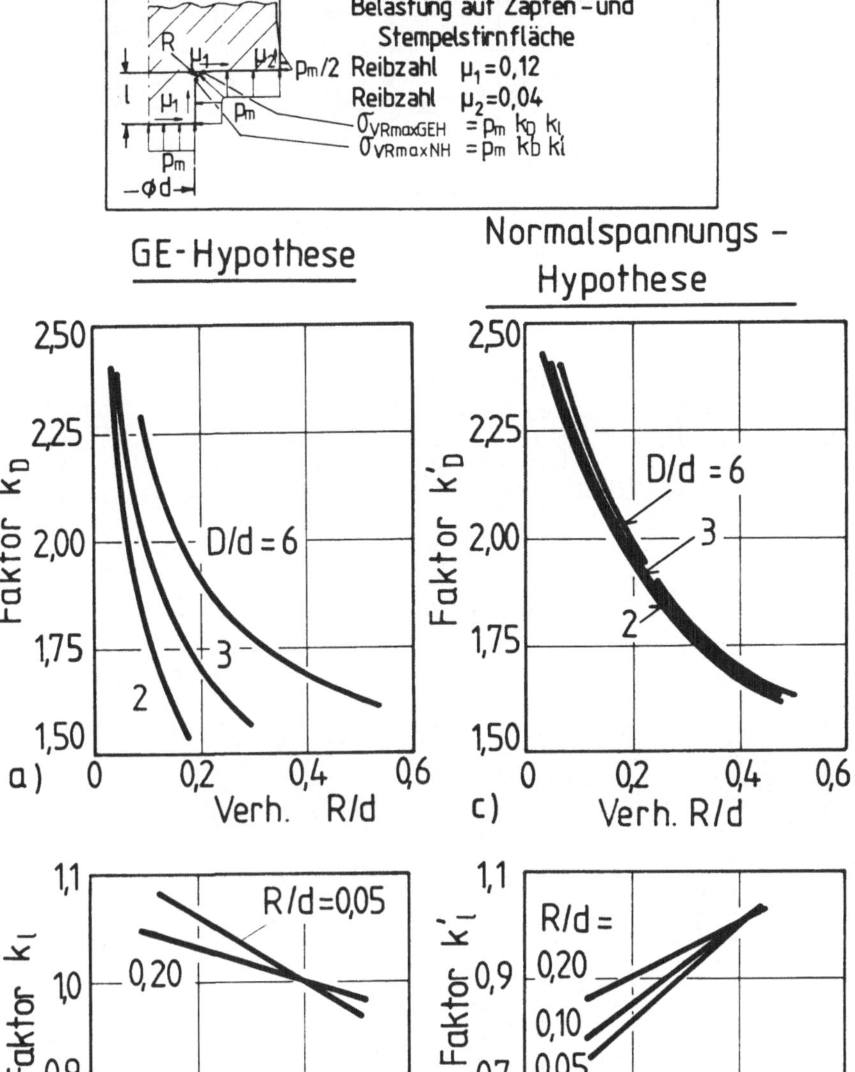

Bild A17: Berechnungsschaubilder für Stempel mit mittiger Zapfenanordnung bei Belastung auf die Zapfen- und Stempelstirnfläche

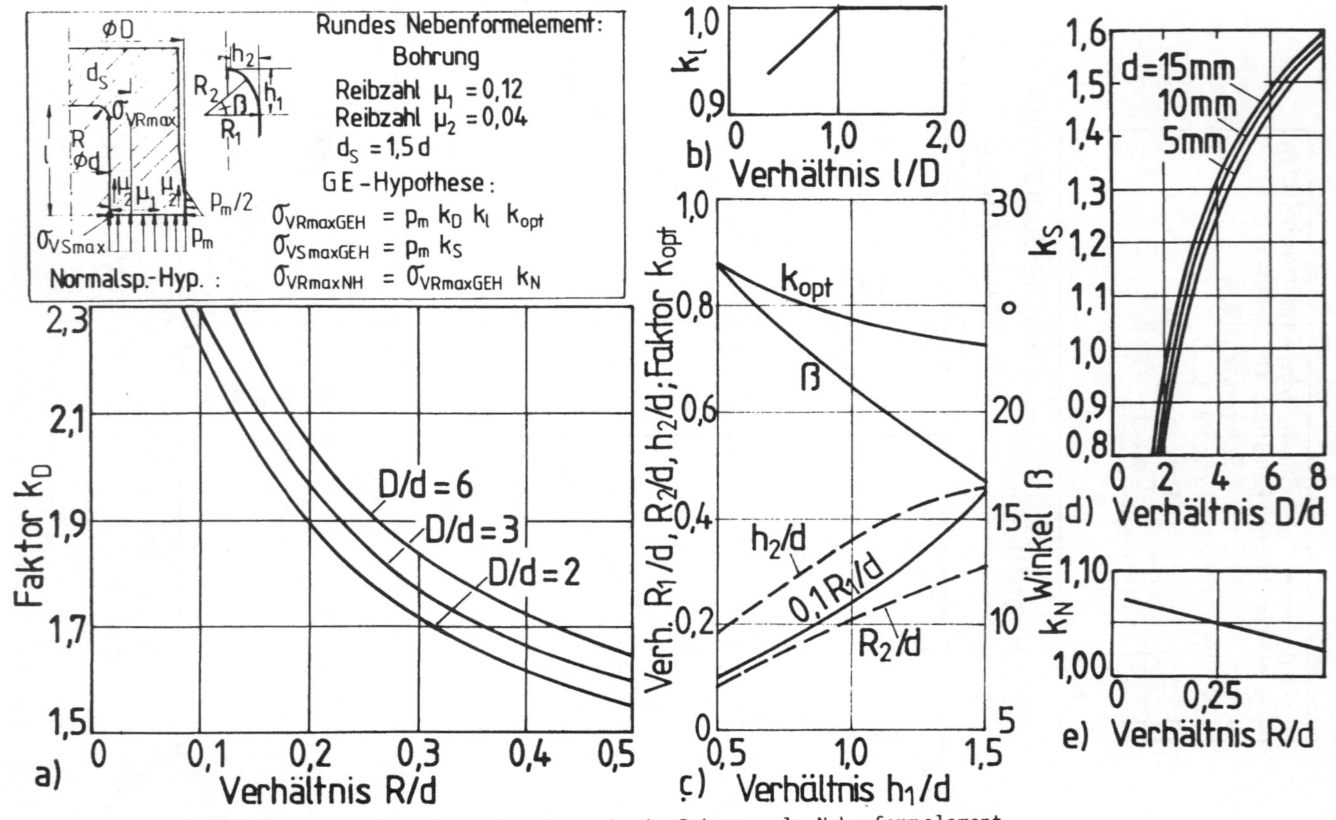

Bild A18: Berechnungsschaubilder für Stempel mit Bohrung als Nebenformelement

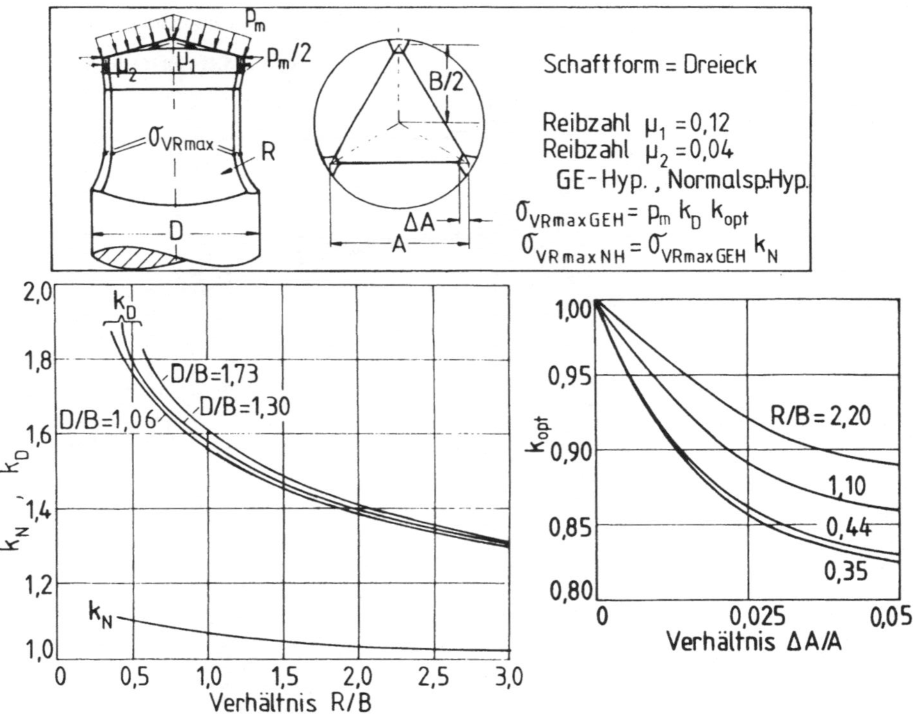

Bild A19: Berechnungsschaubilder für Stempel mit dreieckigem Schaftquerschnitt

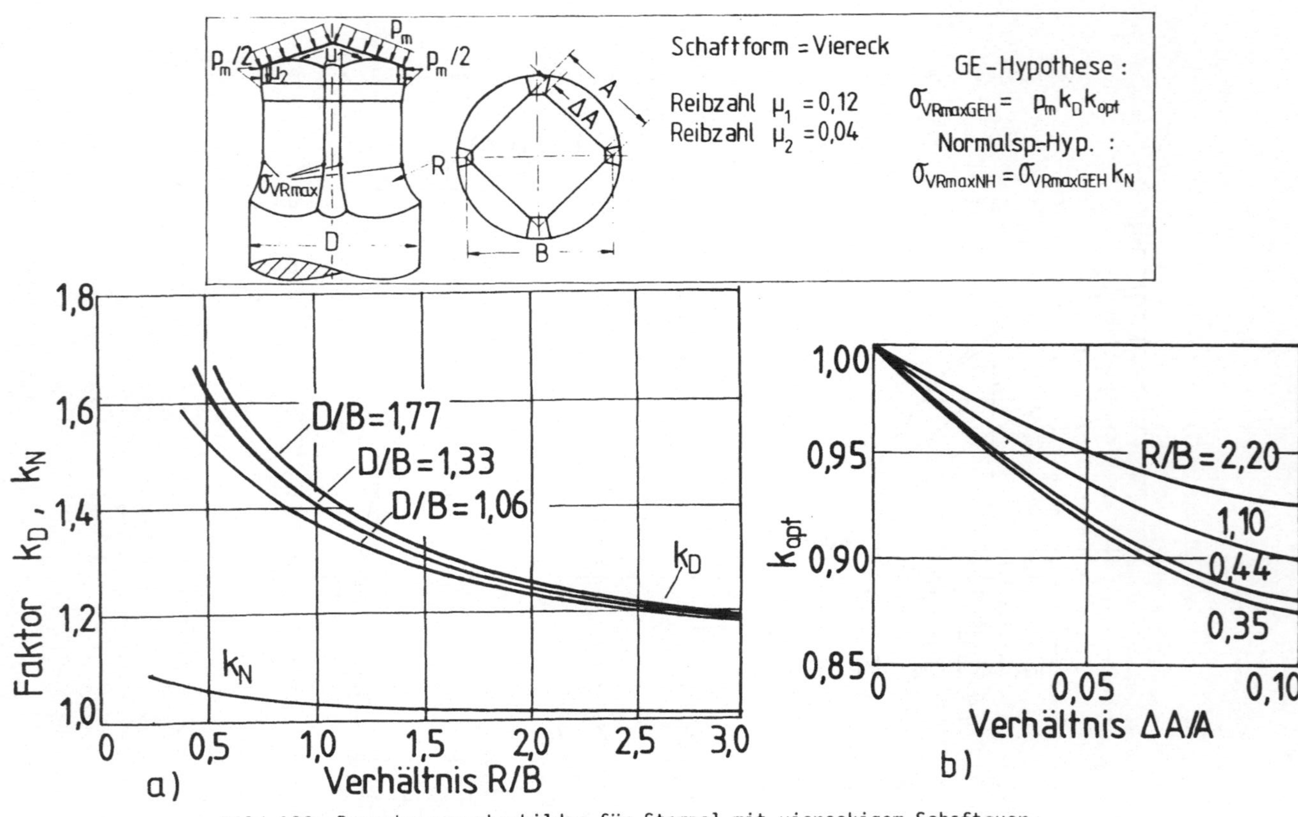

Bild A20: Berechnungsschaubilder für Stempel mit viereckigem Schaftquerschnitt

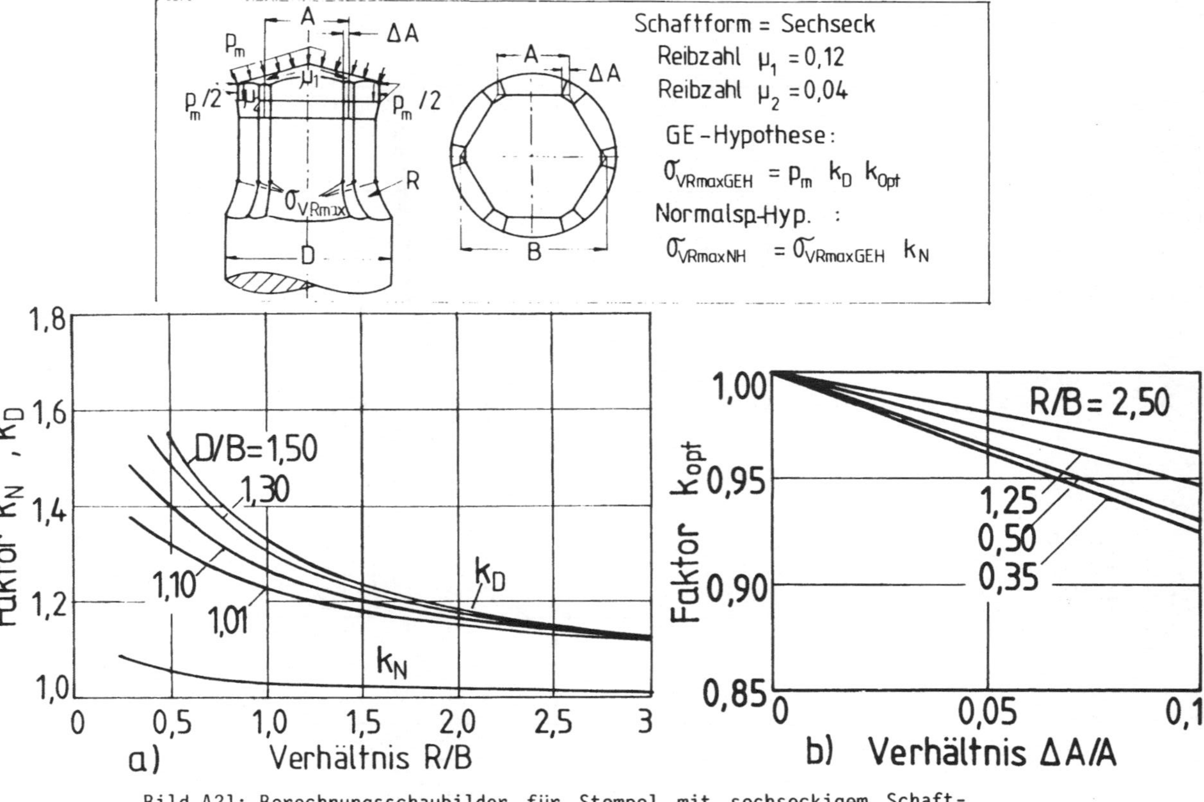

Bild A21: Berechnungsschaubilder für Stempel mit sechseckigem Schaftquerschnitt

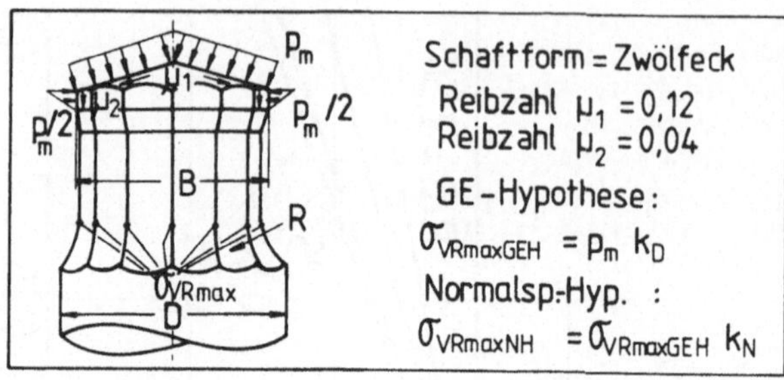

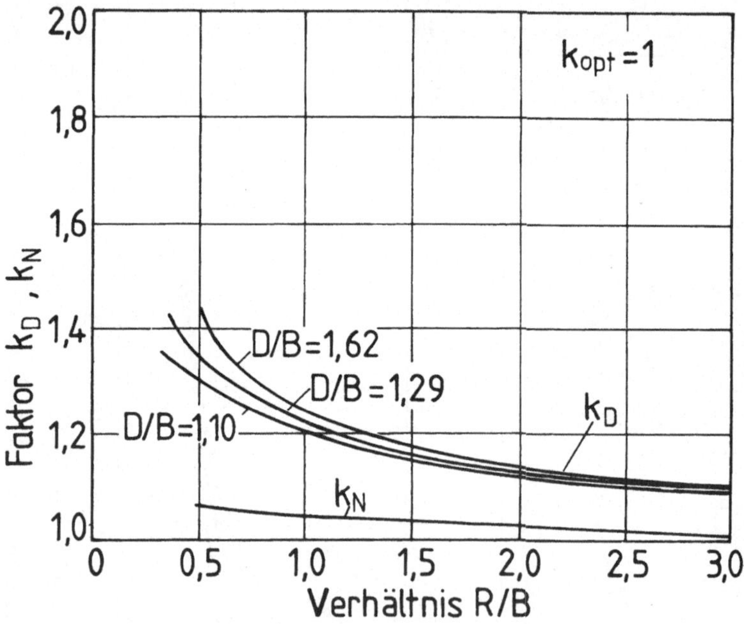

Bild A22: Berechnungsschaubilder für Stempel mit zwölfeckigem Schaftquerschnitt

Literaturverzeichnis

[1]   Sieber, K.: Theoretische Grundlagen und praktische Erfahrungen zur
      Konstruktion von Kaltpreßwerkzeugen. 4. Internationale Kaltumform-
      tagung Düsseldorf VDI 1970, S. 267-299.

[2]   Geiger, R.: System zum Erfassen und Senken des Werkzeugverbrauchs
      beim Kaltmassivumformen. wt-Z. ind. Fertig. 69 (1979) S. 763-769.

[3]   Lange, K.; Neitzert, Th.: Einsatzbereiche und Leistungsfähigkeit
      der Finite-Element-Methode bei der Konstruktion von Werkzeugma-
      schinen und Werkzeugen. wt-Z. ind. Fertig. 70 (1980), S. 115-128.

[4]   Möhrmann, W.; Radaj, D.: Boundary-Element-Methode - ein neuartiges
      Berechnungsverfahren für Bauelemente auch des Landmaschinenbaus.
      Grundl. Landtechnik 32 (1982) 5, S. 147-152.

[5]   Schuller, Kl.: Eignung der BEM (Integralsgleichungsmethode) für
      die Lösung von Problemstellungen aus dem Apparate- und Rohrlei-
      tungsbau. 13. Internationaler FEM-Kongress, IKOSS, Baden Baden
      1984, S. 367-389.

[6]   Lamé, Clapeyron: Memoire sur l'équilibre interieur des corps soli-
      des homogènes. Journal für die reine und angewandte Mathematik.
      Berlin 1831, S. 145-169; 237-252; 381-413.

[7]   Friedewald, H.-J.: Richtlinien für die Konstruktion vorgespannter
      Fließ- und Strangpreßmatrizen. VDI-Berichte Bd. 29, Düsseldorf,
      VDI Verlag 1957.

[8]   Friedewald, H.-J.: Preßpassungen für Schnitt- und Umformwerkzeuge.
      VDI Forschungsheft 472, Düsseldorf, VDI-Verlag 1959.

[9]   Peiter, A.: Theoretische Spannungsanalyse an Schrumpfpassungen.
      Konstruktion 10 (1958), S. 411-416.

[10] Schulz, E.: Berechnung von vorgespannten Preßwerkzeugen für das
      Kaltumformen von Stahl. Draht 16 (1965), S. 546-547.

[11] Adler, A.; Walter, K.: Berechnung von einfachen und mehrfachen Preßpassungen. Ind.-Anz. 89 (1967), S. 805-809, 967-971.

[12] VDI-Richtlinie 3176: Vorgespannte Preßwerkzeuge für das Kaltumformen. Düsseldorf, VDI-Verlag 1964.

[13] VDI-Richtlinie 3186: Werkzeuge für das Kaltfließpressen von Stahl, Blatt 3. Düsseldorf, VDI-Verlag 1974.

[14] Lange, K.; Geiger, M.; Rebholz, M.: Analytische Berechnung von Schrumpfverbindungen unter radialem Innendruck. CAD-Berichte, KfK-CAD 98, Karlsruhe 1979.

[15] Ziegler, W.; Derinöz, N.: Auslegung von hochbelastbaren Werkzeugen zum indirekten, geschmierten Kaltstrangpressen. Metall 34 (1980) 6, S. 526-531.

[16] Kudo, H.; Matsubara, Sh.: Analyse der Spannungen in zylindrischen Werkzeugen endlicher Länge, die einer inneren Druckspannungsverteilung ausgesetzt sind. Ind. Anz. 92 (1970), S. 631-634.

[17] Krämer, G.: Beitrag zur beanspruchungsgerechten Auslegung von rotationssymmetrischen Fließpreßmatrizen. Berichte aus dem Institut für Umformtechnik, Universität Stuttgart, Nr. 49, Essen: Girardet 1979.

[18] Lange, K.; Neitzert, Th.: Rechnerunterstützte Auslegung von doppelt armierten Werkzeugen zum Kaltfließpressen. CAD-Berichte, KfK-CAD 177, Karlsruhe 1980.

[19] ICFG Document No. 5/82: Calculation Method for Cold Forging Tools. Portcullis Press Ltd. Redhill, England 1983.

[20] Neitzert, Th.: Auslegung von rotationssymmetrischen Fließpreßwerkzeugen im Bereich elastisch-plastischen Werkstoffverhaltens. Berichte aus dem Institut für Umformtechnik, Universität Stuttgart, Nr. 62. Berlin/Heidelberg/New York: Springer 1982.

[21] Neubert, B.; Völkner, W.: Ermittlung der Werkzeugbeanspruchungen beim Fließpressen. Fertigungstechnik und Betrieb, Berlin, 29 (1979) 11, S. 681-685.

[22] Hößelbarth, V.; Völkner, W.: Rechnerunterstützte Auslegung von Werkzeugen der Kaltmassivumformung. Wiss. Z. Techn. Univers. Dresden 32 (1983) 5, S. 31-37.

[23] Neubert, B.; Völkner, W.: CADED - Rechnerunterstützte Konstruktion von Fließpreßwerkzeugen. Fertigungstechnik und Betrieb, Berlin 31 (1981) 11, S. 658-660.

[24] Ammer, J.; Schwachenwalde, B.; Völkner, W.: CAD/CAM-System für Fließpreßwerkzeuge. Fertigungstechnik und Betrieb, Berlin 35 (1985) 3, S. 145-147.

[25] Kling, E.: Aufweitung von Fließpreßmatrizen mit überlagerter thermischer und mechanischer Beanspruchung. Berichte aus dem Institut für Umformtechnik, Universität Stuttgart, Nr. 81. Berlin/Heidelberg/New York/Tokyo: Springer 1985.

[26] Nester, W.: Verhalten von Schrumpfverbänden mit Keramikkernen unter thermomechanischer Belastung. Abschlußbericht zum Forschungsvorhaben DFG-Az. La 155/133-1, Institut für Umformtechnik, Universität Stuttgart, 1985.

[27] Ochiai, Y.; Yamamoto, H.: Stress Analysis of Cold Forging Die by means of BEM for Axisymmetric Bodies. Report of Preprint Japan Society of Mechanical Engineers, 1984.

[28] Bühler, H.; Burgholte, O.: Ermittlung der Spannungsverteilung in zylindrischen zweiteiligen längsvorgespannten Preßwerkzeugen. Ind.-Anz. 89 (1967) 30, S. 407-410, 581-588.

[29] Berns, H.: Längskräfte in Schrumpfverbindungen. wt.-Z. ind. Fertig. 63 (1973) S. 412-415.

[30] Patel, Y.A.: A Study of Prestressed Draw Die Design. Unveröffentlichte Ph.D. Thesis am Illinois Institute of Technology, Chicago 1975.

[31] VDI-Richtlinie 3186: Werkzeuge für das Kaltfließpressen von Stahl, Bl. 2. Düsseldorf, VDI-Verlag 1974.

[32] ICFG Document No. 6/82: General Recommendations for Design, Manufacture and Operational Aspects of Cold Extrusion Tools for Steel Components. Whitefriars Ltd., Tonbridge, England 1983.

[33] VDI-Richtlinie 3138: Kaltfließpressen von Stählen und NE-Metallen. Anwendung, Bl. 2. Düsseldorf, VDI-Verlag 1970.

[34] VDI-Richtlinie 3185: Berechnung der bezogenen Stempelkraft und der größten Fließpreßkraft für das Voll-Vorwärts-Fließpressen von Stahl bei Raumtemperatur (Bl. 1), Napf-Rückwärts-Fließpressen (Bl. 2). Düsseldorf, VDI-Verlag 1970.

[35] Schmitt, G.: Untersuchungen über das Rückwärts-Napffließpressen von Stahl bei Raumtemperatur. Berichte aus dem Institut für Umformtechnik, Universität Stuttgart, Nr. 7. Essen: Girardet 1968.

[36] Kast, D.; Schuster, M.: Untersuchungen beim Rückwärts-Napffließpressen. Ind.-Anz. 89 (1967) S. 411-414.

[37] Burgdorf, M.; Müschenborn, R.: Nomogramme zur Ermittlung der Umformkraft beim Fließpressen. Werkstattstechnik 60 (1970) S. 503-506.

[38] Metalforming. Cold Extrusion of Carbon Steels. P.E.R.A. Report 102.

[39] Kast, D.: Modellgesetzmäßigkeiten beim Rückwärts-Fließpressen geometrisch ähnlicher Näpfe. Berichte aus dem Institut für Umformtechnik, Universität Stuttgart, Nr. 13. Essen: Girardet 1969.

[40] Nowak, A.; Eberlein, L.: Berechnung von Kräften und Spannungen beim Rückwärts-Napffließpressen nichtrotationssymmetrischer Werkstücke. Umformtechnik 19 (1985) 2, S. 80-88.

[41] Zienkiewicz, O.C.: The Finite-Element-Method in Engineering Science. London: McGraw Hill 1968.

[42] Argyris, J.H.; Grieger, J.; Sörensen, M.: Die Methode der end-
lichen Elemente und ihre Anwendung im Maschinenbau. ISD-Bericht
Nr. 101. Stuttgart 1971.

[43] Bathe, K.-J.; Wilson, E.L.: Numerical Methods in Finite Element
Analysis. Prentice-Hall, New Jersey 1976.

[44] Buck, K.E.; Scharpf, D.W.; Stein, E.; Wunderlich, W.: Finite
Elemente in der Statik. W. Ernst und Sohn, München 1973.

[45] Hahn, H.G.: Einführung in die Methode der finiten Elemente in der
Festigkeitslehre. Akademische Verlaggesellschaft, Frankfurt 1975.

[46] Dietmann, H.: Methoden der elastisch-plastischen Festigkeitsberech-
nung. Vorlesungsmanuskript 1983.

[47] Argyris, J.H. u.a.: ASKA Part I - Linear Static Analysis. User's
Reference Manual. ISD-Report Nr. 73, Revision F. Stuttgart 1979.

[48] Kuhn, G.: "Boundary Element", eine sinnvolle Ergänzung zu finiten
Elementen. Lehrgangsunterlagen, Techn. Akademie Esslingen, 1984.

[49] Rizzo, F.J.: An integral equation approach to boundary value
problems of classical elastostatics. Quarterly of Applied Mathema-
tics 25 (1967) S. 83-95.

[50] Cruse, T.A.: Numerical Solution in three dimensional elastostatics. Int. J. Solids Struct. 5 (1969), S. 1259-1273.

[51] Lachat, J.C.: A further Development of the boundary integral tech-
nique for elastostatics. Ph.D. Thesis, University of Southampton,
1975.

[52] Lachat, J.C.; Watson, J.O.: Effective numerical treatment of boundary integral equations: a formulation for three-dimensional elastostatics. Int. J. num. Meth. Engng. 10 (1976), S. 991-1005.

[53] Mayr, M.: Ein Integralgleichungsverfahren zur Lösung rotationssymmetrischer Elastizitätsprobleme. Dissertation, TU München 1975.

[54] Mayr, M.; Neureiter, W.: Ein numerisches Verfahren zur Lösung des axialsymmetrischen Torsionsproblems. Ing.-Archiv. 46 (1977), S. 137-142.

[55] Cruse, T.A.; Snow, D.W.; Wilson, R.B.: Numerical solutions in axisymmetric elasticity. Comp. & Struct. 7 (1977) S. 445-451.

[56] Stippes, M.; Rizzo, F.J.: A note on the body force integral of classical elastostatics, ZAMP 28 (1977), S. 339-341.

[57] Rizzo, F.J.; Shippy, D.J.: An advanced boundary integral equation method for three-dimensional thermoelasticity. Int. J. num. Meth. Engng. 11 (1977), S. 1753-1768.

[58] Brebbia, C.A. (Ed.): New developments in boundary methods. Proc. of the 2nd Int. Seminar on Recent Advances in BEM, University of Southampton, CML Publications 1980.

[59] Banerjee, P.K.; Butterfield, R.: Developments in boundary element methods - 1, Appl. science publischers, London 1979.

[60] Neureiter, W.; Drexler, W.; Mews, H.; Möhrmann, W.: Erstellung eines EDV-Programmsystems auf der Basis des Rizzoschen Integral-gleichungsverfahrens zur Behandlung ebener, rotationssymmetrischer und allgemein dreidimensionaler thermoelastischer Probleme mit nicht verschwindenden Volumenkräften. Forschungsberichte der For-schungsvereinigung Verbrennungskraftmaschinen e.V., Frankfurt, Heft 310 - 1,2 und 3 -, 1982.

[61] Raymond, J.R.: Formulas for Stress and Strain. New York/London: McGraw Hill 1943.

[62] Bay, N.: Surface Stresses in Cold Forward Extrusion Annals of the CIRP, Vol. 32/1/1983, S. 195-199.

[63] Schacher, H. D.: Kaltmassivumformen von Sintermetall. Berichte aus dem Institut für Umformtechnik, Universität Stuttgart, Nr. 47. Girardet 1978.

[64] Lange, K.: On the stress distribution in prestressed extrusion dies under non-uniform distribution of internal pressure. Int. J.

Mech. Sci., Vol. 27, 1985 (demnächst).

[65] Tochterman, W.; Bodenstein, F.: Konstruktionselemente des Maschinen-
baus, Erster Teil, 8. Aufl.. Berlin/Heidelberg/New York: Springer
1968.

[66] Schmidt, H.: Werkzeuge für die Kaltmassivumformung. Proc. of the
7th Int. Congress f. Cold Forging. University of Birmingham,
England 1985.

[67] Mori, K.; Osakada, K.; Fukuda, M.: Simulation of severe plastic
deformation by Finite-Element-Method with spatially fixed ele-
ments. Int. J. Mech. Sci. 25 (1983) 11, S. 775-783.

[68] Mahrenholtz, O.; Dung, N.L.: Berechnung von instationären Umform-
prozessen mit der Finite-Element-Methode. Abschlußbericht zum Forschungsvorhaben DFG-Az. Ma 358/30-2, Institut für Mechanik, Universität Hannover 1984.

[69] Lange, K.: Lehrbuch der Umformtechnik, Bd. 2: Massivumformung.
Berlin/Heidelberg/New York: Springer 1974.

[70] Burgdorf, M.: Über die rechnerische Ermittlung von Normalspannungs-
verteilung und Preßkraft beim Zapfenpressen. Ind. Anz. 89(1967),
S. 1406-1411; 1558-1561.

[71] Tekkaya, A.E.: Ermittlung von Eigenspannungen in der Kaltmassivumformung. Berichte aus dem Institut für Umformtechnik, Universität Stuttgart, Nr. 83. Berlin/Heidelberg/New York/Tokyo: Springer 1986.

[72] Dietmann, H.: Einführung in die Elastizitäts- und Festigkeitslehre. Stuttgart: Alfred Kröner 1982.

[73] Hütte des Ingenieurs Taschenbuch, Band 1, 28. Aufl., Berlin: Wil-
helm Ernst & Sohn 1955.

[74] Dubbel, Taschenbuch für den Maschinenbau, 14. Aufl., Berlin/Heidel-
berg/New York: Springer 1981.

[75] Hoischen, H.: Werkzeugformgebung durch Kalteinsenken. Werkstatt
und Betrieb 104 (1971) 4, S. 275-282.

Berichte aus dem Institut für Umformtechnik
der Universität Stuttgart

Herausgeber Professor Dr.-Ing. Kurt Lange

Die Berichte 1 bis 66 sind zu beziehen durch das Institut für Umformtechnik, Holzgartenstr. 17, 7000 Stuttgart 1

Die Berichte 67 und folgende sind zu beziehen durch den Springer-Verlag, Berlin Heidelberg New York Tokyo

Die Berichte 67 und folgende sind zu beziehen durch den Springer-Verlag, Berlin Heidelberg New York Tokyo